国鉄マンが撮った
昭和30年代の国鉄・私鉄
カラー鉄道風景

稲葉克彦 著

写真撮影：野口昭雄、日比野利朗

©山科付近を走るお召列車　昭和37年4月25日　撮影：野口昭雄

国鉄マンが撮った昭和30年代の国鉄・私鉄
カラー鉄道風景

高山本線下呂温泉を流れる飛騨川を渡るC57？＋客車列車。木造客車の車体鋼体化改造車オハ60、オハ61が見える。

Contents

はじめに

　国鉄マンであったお二人が撮影された昭和30年代の国鉄・私鉄・路面電車のカラー写真解説という大役を頂いた。野口昭雄さんは古くから鉄道雑誌に美しい風景の中を走る列車や撮影地ガイドを書かれ、落成間もない国鉄新型車両の試運転の写真等で良く知られ、鉄道友の会の阪神支部長等もされていた。日比野利朗さんの作品は美しい風景の中の列車写真が多く、東海道本線や名古屋周辺、首都圏各地の鉄道の貴重なカラーを数多く撮られている。両氏は主に国産のポジカラーフィルムで撮られているが、鉄道写真をカラーで撮る人は少なかった時代であり、半世紀以上を経た現在、鮮やかな鉄道写真を通して昭和30年代を振り返る旅を、ともに楽しみながらご案内したい。

　なお、作品の一部には撮影場所や年代不詳のものが含まれ、資料や地図ソフト等によって山の輪郭や稜線の特徴から場所の推定ができたものがある。しかし、特徴のない地形やこれといったランド・マークのない場所は特定が困難なものもある。お気づきの点があれば、ご指摘いただければ幸いです。故人となられた日比野利朗さんの写真掲載については、神戸在住の中西進一郎さんに感謝の意を申し上げたい。

平成29（2017）年10月　稲葉克彦

◎撮影：野口昭雄

水窪川に架かる橋を行くクモハ42＋クハ47 100番代＋クモハ42ほか。戦前の京阪神で活躍した元「関西急電」の一員だったクモハ42は、008・009・011・013が戦後は横須賀線を経て飯田線の深山渓谷を行く。同所は中央構造線の複雑に入り組んだ地層の箇所。沿線に佐久間ダムの建設の際、水没する佐久間〜大嵐間で線路付け替え工事が始められたが、掘削したトンネルが開通後に地殻変動により崩落したためトンネルの使用を断念。新たに橋梁を建設し、昭和30（1955）年11月11日に線路を架け替えて開通した難所である。
車体カラーは飯田線快速色で、昭和32年以降30年代後半にかけて見られたブルーとオレンジの2色で、湘南色ではない。昭和34年以降で雨樋から幕板までブルーの面積が広がり、写真ではその2種類が確認できる。昭和38年以降に湘南色となり、さらに横須賀線色に塗り替えられる。水窪川をいったん渡ってから、また元の岸に戻る同橋梁は「渡らずの橋」と呼ばれた。

Chapter 1

国鉄の記録

　主要幹線の電化を進め、蒸気機関車から電気機関車へ、客車からディーゼル車・電車へ動力近代化を強力に推し進めた時代である。東海道本線を例にとれば、昭和30年に東京〜米原が電化され、米原〜京都は煙を吐く蒸気機関車が主力であった。翌年の東海道本線全線電化完成後、電気機関車が牽く客車列車の無煙時代が到来。電車はカルダン駆動の導入が私鉄より遅れていたが、モハ90を母体にした151系の成功で電車特急と非電化区間ではディーゼル車の時代を迎える。昭和39年10月には高速鉄道の東海道新幹線が開業。超特急による東京〜新大阪4時間を実現したジャンプ・アップの10年間。カラフルな新型車両が各地に活躍を広げる中、蒸気機関車もまだ多数が現役で共存していた面白い時代である。

山陽本線を行くキハ82他の特急「みどり」。昭和36 (1961) 年10月1日のダイヤ改正により大阪〜博多間で走り始める予定だったが、キハ82系の初期故障のトラブルの際の予備車捻出のために運休扱いとして、同年12月15日から運行が始まった。
◎三石付近　昭和37年12月16日　撮影：野口昭雄

「夢の超特急」東海道新幹線

東海道新幹線開業を2年後に控え、昭和37（1962）年に試作車両が完成。鴨宮〜綾瀬間の約30kmのモデル線で試運転が始まった。A編成は1001（汽車会社）＋1002（日本車輌東京支店）で、写真左側は東京方の1002である。車体塗色はクリーム色をベースに車体の上下に青い帯を締めた。運転台の前面窓は曲面ガラスが使われている。B編成は1003（日立製作所）＋1004（日立製作所）＋1005（川崎車輌）＋1006（近畿車輌）で、写真右側は大阪方の1003である。B編成の車体塗色はクリーム10号をベースに窓周りと裾部に青20号を配したもので、後に0系と呼ばれる量産車に採用された。開発当時、国鉄臨時車両設計事務所次長であった星晃氏によると、高速鉄道として踏切のない新幹線は赤や黄色などの目立つ色でなくても良い、鋳鉄製輪子を使用しないため、車体が汚れにくく、ベースには白系を提案したということである。ボンネット前端部には「光前頭」と呼ばれるアクリル製の円筒形のカバーが付けられた。内部から蛍光灯で点灯させて、前部標識灯としての機能も持たせている。丸みの多い、尖った前頭部は、鉄道車両というより翼のない航空機のように見えたことであろう。
◎鴨宮　昭和37年12月12日　撮影：野口昭雄

東海道新幹線開業を半年後に控え、完成したばかりの本線での試運転が大阪方で始まった。後に0系と呼ばれる量産車は、昭和39（1964）年2月に6両編成が完成。3月から試運転が開始された。営業開始時の12両編成でない短さが初々しい。未知の200km/h運転に向けて本線で走り始めた「夢の超特急」。新幹線車両を製造するメーカー5社では10月1日の開業に向けて1次車合計360両の製造が急ピッチで進められている頃である。◎高槻付近　昭和39年5月17日　撮影：野口昭雄

東京駅を出発する準急「日光」

1956 (昭和31) 年10月10日から日本初のディーゼ
ル車による準急「日光」として上野～日光間をキハ
44800形 (後のキハ55形) が走り始めた。日本有数
の国際的な観光地である日光は東武鉄道とのライ
バル関係にあり、東武鉄道では1956 (昭和31) 年4
月から同社初のカルダン駆動高性能車1700形によ
る特急「けごん」がデビュー。劣勢に立たされた国
鉄としては非電化区間を走るディーゼル車による
優等列車の開発が急がれていた。

動力装置はキハ45000形 (後のキハ17形) で開発さ
れた液体式ディーゼル車の160HPの縦型DMH-17B
を2基搭載し、勾配区間に強い走行性能とナハ10
系軽量客車で培った軽量車体構造設計による大型
車体を組み合わせたことによって居住性が向上し、
長距離旅行が快適になった。

車体塗色は日光にゆかりのある「日の光」の黄色味
の強いクリーム色2号に神橋の紅をイメージした赤
2号の細い帯を腰と雨樋に入れた軽快な出で立ち。
上野～日光を2時間で結び、途中、宇都宮のみ停車
の快速運転は好評を博した。

1957 (昭和32) 年4月の気動車称号規定改正でキ
ハ44800形はキハ55形に改称。以後、各地に同
系による準急列車が走り始めた。同年10月から発
着駅が上野から東京に変更された。写真の最後尾
キハ55は、台車はキハ17譲りの枕バネをゴム・ブ
ロックとしたDT19であるが、前面窓を大型化した
1957 (昭和32) 年製の2次車である。

◎東京駅　昭和33年3月12日　撮影：野口昭雄

急行型車両153系とキハ28

の台頭

クハ153他153系下り準急「東海」が根府川橋梁を
渡る。クハ153-モハ152-モハ153-サロ153-サロ
153…と続く。前面に準急のヘッド・マークはなく、
見上げるような高さの橋梁上には柵も退避用の足場
もない。
◎根府川橋梁　昭和35年1月17日　撮影：野口昭雄

キハ28ほか4連。急行「外房」。キハ58系は昭和36
（1961）年登場の急行型ディーゼル車。2エンジン準
急型キハ55の車体をさらに大型化し、急行型電車と同
じく全幅2900mmとして居住性の向上を図った。
動力装置はキハ80系以降の横型DMH-17Hをベースに
1エンジンのキハ28、キロ28、2エンジンのキハ58や、
寒冷地用・極寒地向け用キハ56を含め、昭和44（1969）
年までに1,818両が製造され、全国の非電化区間の急
行型としての決定版となった。赤11号・クリーム色4
号の急行型気動車キハ58系グループは、北海道から九
州までの全国各地で活躍して親しまれた。
◎勝浦付近　昭和37年12月10日　撮影：野口昭雄

特急「はと」「つばめ」

EF58 64+スハニ35「青大将」の特急「はと」が西日を受けてさらに西を目指す。淡緑5号と裾に入れた黄色1号の帯が流線型車体の美しさを際立たせる。隣には3等客室＋荷物室合造車のスハニ35が連結されている。EF58 64は大窓・水切付き。
◎名古屋駅　昭和32年頃　撮影：日比野利朗

西に向けて米原駅を出発したEF58＋スハニ35＋スハ44ほか「青大将」客車列車。幅の狭い窓が並ぶスハ44が続く。スハ44はスハニ35とともに昭和26（1951）年に特急用3等客車としてスハ44が34両、スハニ35は3等＋荷物室合造車として12両が製造された。ずらりと並ぶ狭窓が特徴のスハ44は、現在、大井川鐵道でスハ43として現役である。◎米原駅　昭和32年3月　撮影：日比野利朗

名古屋駅に到着するEF58 89青大将色＋スハニ35他青大将色上り特急「つばめ」。EF58 89は小窓・水切付き。先台車にはスノウ・プロウが付いている。◎名古屋駅付近　昭和32年頃　撮影：日比野利朗

マイテ49+ナロ10ほか「青大将色」の特急「はと」下りが西日を浴びて。昭和32（1957）年10月以降に軽量客車10系の新造車ナロ10がスロ54を置き換えたばかりの「青大将」最後の姿。一般の人々にとって特急列車の展望車は高嶺の花。最後尾の展望デッキに立つ人に羨望の眼差しが集まる。◎名古屋駅　昭和33年10月　撮影：日比野利朗

東海道本線を行くEF58 96ぶどう色+スハニ35+スハ44他青大将色特急上り「はと」。昭和31（1956）年11月19日の東海道本線全線電化完成に際して登場した淡緑5号一色（通称青大将色）の客車に合わせて同色に塗色変更されたEF58は25機のみで、ぶどう色の機関車と青大将色の客車の組み合わせも見られた。EF58 96は小窓・水切り付き。先台車にはスノウ・プロウが付けられている。
◎稲沢付近　昭和33年1月　撮影：日比野利朗

EF58 37青大将色+スハニ35+スハ44他青大将色特急「つばめ」下りレを俯瞰。EF58は大窓・庇付き。
◎稲沢～尾張一宮　昭和33年10月　撮影：日比野利朗

EF58 63青大将色+スハニ35+スハ44+スハ44…青大将色の特急「つばめ」下りレ発車。EF58 63は大窓・水切り付き。◎名古屋駅　昭和32年頃　撮影：日比野利朗

EF58 47+スハニ35他特急「つばめ」青大将色。EF58 47は大窓、庇付き。奥に153・80系電車が見える。◎米原駅　昭和34年頃　撮影：日比野利朗

稲沢操車場の広いヤード脇を西に向かって行くマイテ49展望車＋外国人観光客専用車マイ39＋ナロ10が続く特急「つばめ」下り列車。青大将色の客車列車特急「つばめ」は昭和31（1956）年11月の東海道本線全線電化から昭和35年6月1日ダイヤ改正で151系に電車化されるまでの僅か4年足らずの間見られた花形列車。

マイテに続く2両目はマイ39で外国人観光客専用1等車である。供奉車からの改造で、絞り込まれた車端部が特徴。その隣には車体幅を広げて裾を絞った新型車ナロ10が続く。

客車の表記の「マ」は重量等級を表し、「マ」は42.5t以上。「イ」は客室の等級を表す。イロハの「イ」は1等車で「ロ」は2等車である。「テ」は構造を表し、展望車を表す。食堂車の場合は「シ」となる。マイテは、42.5t以上の一等客室を持つ展望車という意味である。◎稲沢付近　昭和33年5月　撮影：日比野利朗

東海道本線の客車列車

EF58 9ぶどう色+旧型客車ぶどう色上りレ。EF58 9は流線型車体に載せ替えた車で小窓・水切付き。
◎尾張一宮〜稲沢
昭和33年10月
撮影：日比野利朗

EF58ぶどう色＋旧型客車の下りレ。流線型車体の特徴が良くわかる。◎稲沢付近　昭和33年10月　撮影：日比野利朗

東海道本線名古屋付近の高架区間を行くぶどう色のEF58＋オハ35系客車列車。EF58は昭和21 (1946) ～昭和23年に31両を製造後に中断。戦前からの流れをくむ箱型車体両側デッキ付スタイルで2-C+C-2の軸配置を持つ旅客用直流電気機関車であったが、昭和27～33年に同形式ながら車体を流線型にモデル・チェンジし (35～175)、旅客用暖房装置として新開発の自動式蒸気発生装置 (SG) が搭載された。最初の31両 (1～31) も同様の車体に載せ替えと仕様統一改造を行い、合計172両が製造された。昭和27年以降登場したEF58は湘南電車クハ86の影響を受けた前面2枚窓で、鼻筋が通った流線型車体が人気を呼び、ファンからは「ゴハチ」の愛称で親しまれた。上越線・高崎線に投入後、東海道本線にも投入され、特急から普通列車までの客車列車牽引に使用された。
◎名古屋付近　昭和33年10月　撮影：日比野利朗

マイテ49ほかの特急「はと」東

マイテ49を最後尾にした特急「はと」東京行き。ぶどう色1号・白帯・青帯時代のもので、昭和31（1956）年11月19日、東海道本線全線電化完成のダイヤ改正時に、淡緑5号の「青大将」と呼ばれる鮮やかな姿に変身。蒸気機関車の煤煙から解放された電気機関車から、やがて電車への時代となる直前の姿である。◎京都駅　昭和30年4月9日　撮影：野口昭雄

京行き

20系ブルートレイン 「さくら」「はやぶさ」

昭和34（1959）年7月20日に20系ブルー・トレイン化した寝台特急「さくら」の最後尾を務める電源車は当初カニ21であった。その前年の「あさかぜ」用電源車マニ20は17メートル車体で荷物室積載荷重3tであったが、カニ21では20メートル車体で荷重5tに大型化され、電源装置のディーゼル発電機の改良を行った。

カニ22は、昭和35年7月20日の「はやぶさ」20系客車化に際し、マニ20、カニ21に続く形式で、電化・非電化区間両方での運用が可能な電源車として開発された。2基のディーゼル発電装置、2基の電動発電機、屋根上にはパンタグラフを2基搭載。重量は空車時59t、荷重、水、燃料を満載すると63.91tになった。そのため、3級線区への乗り入れは軸重制限の影響を受けることになった。熊本〜鹿児島間では70km/hの制限速度を受け、計画運転時分から約8分遅延することが判明したため、「はやぶさ」での運用は幻に終わってしまう。そこで、「さくら」の牽引機をC60・C61に変更し、荷室荷重を2tに抑えることで75km/h運転を確保し、「さくら」での運用を開始した。

数年後にはパンタグラフと電動発電機を撤去する車が現れ、昭和43（1968）年までに全車がディーゼル発電装置のみとなってしまう。過大な重量が災いし、両用電源車としては運用範囲が限られて本領発揮の機会が少なく短命に終わってしまう。パンタグラフを2基上げて走る姿は客車離れしていて勇ましい。◎大船駅　昭和35年7月26日　撮影：野口昭雄

寝台特急「はやぶさ」用ナハフ20他20系客車のメーカー落成後の試運転。昭和33（1958）年に寝台特急「あさかぜ」用として20系客車が造られ、同年10月より東海道本線の東京～博多で走り始めた。20系客車は編成端にディーゼル発電機を搭載した電源車を連結して冷暖房を備え、側面の大きな固定窓と複層ガラス、空気バネ台車の採用で静かで快適な乗り心地を実現し、夜の帳を連想させる青15号に細いクリーム色の帯を締めた車体の優雅な外観と近代的なインテリアから「走るホテル」とも呼ばれ、好評を博した。昭和34年7月20日から「さくら」が、昭和35年7月20日からは「はやぶさ」も20系客車に置き換えられた。
ナハフ20の前面ガラスは、1次車では平面と曲面ガラスの組み合わせであったが、この3次車で1枚物の曲面ガラスに変更されている。後に「ブルー・トレイン」と呼ばれ、寝台特急列車の代名詞となる。灰色2号の台車・床下機器は後に黒色となった。
◎京都駅　昭和35年7月8日　撮影：野口昭雄

153系急行「いこま」「比叡」

クハ153の準急「比叡」。昭和32（1957）年10月のダイヤ改正で大阪〜名古屋間の準急として新設され、翌月から「比叡」と命名された。当初は旧性能吊り掛け駆動車モハ80系最新鋭車（300番代）で運転開始。昭和33年10月以降モハ91系（後の153系）登場により、新性能カルダン駆動車への置き換えが始まり、昭和34年に153系化された。貫通型、3つ折り平面、側面に回り込むパノラミック・ウインドウ、腰に大きな前照灯と広いオデコの前頭部デザインはその後「東海型」と呼ばれる。登場当初の幌のない姿が美しい。◎名古屋駅 昭和35年頃 撮影：日比野利朗

クハ153-モハ152-モハ153-サハシ153-サロ152-サロ152-サハシ153-
モハ…と続く12両編成の急行「いこま」が新垂井〜関ケ原の下り線を行く。
153系急行「いこま」は昭和36（1961）年10月ダイヤ改正で東京〜大阪を走
り始めた。東京と大阪の両駅を10時に発車し、下りは他の列車より5分早い
7時間25分で結ぶ。1等車とビュッフェ食堂車が各2両連結された豪華編成
であった。

クハ153は昭和36年に運転台が30cm上げられ、前面窓が細長い形状に変
わった500番代に移行。衝突安全性の強化が図られた。「東海型」と呼ばれる
前頭部デザインは500番代で完成し、165・451系以降の急行型、111・401
系以降の近郊型（401・421系初期製作車は低運転台）に及び、直流・交流電
化区間の各地で「東海型」前頭部の電車を見ることができた。写真は、幌取
付座のステンレスが輝く初々しい姿。「サンロクトオ」と呼ばれるダイヤ改正
で東海道本線の電車急行列車は、従来からの「なにわ」「せっつ」に加えて、「い
こま」「よど」「やましろ」「六甲」が新設され、いずれも153系12両編成で運用
された。新幹線開業前の東海道本線が最も輝いていた時期である。
◎新垂井〜関ケ原　昭和36年10月以降　撮影：日比野利朗

155系修学旅行用電車「きぼう」

稲沢操車場脇を行く155系修学旅行用電車「きぼう」。青大将、修学旅行電車、こだま型特急、準急気動車等々、様々なカラーが行き交う、東海道新幹線が開業するまでの東海道本線黄金時代の一コマ。
◎稲沢付近　昭和35年頃　撮影：日比野利朗

修学旅行用電車クハ89の車内。2人掛け、3人掛けの椅子と直上の枕木方向に設けられた荷物棚が特徴。
◎吹田電車区　昭和34年3月28日　撮影：野口昭雄

新性能急行電車クハ96と修学旅行用電車クハ89の並び。前面は分割併合に備えて貫通式となり、前面ガラスは側面に回り込むパノラミック・ガラス。「きぼう」はクハ96をベースに修学旅行用として、3人掛け・2人掛けの椅子、飲料水器、室内用電気時計を備えた。車体塗色と愛称は中学生の公募で決められ、車体塗色は鮮やかな朱色3号と黄1号。黄色は後に黄5号に変更された。愛称は東京発が「ひので」、大阪地区発が「きぼう」と名付けられた。
◎吹田電車区　昭和34年3月28日　撮影：野口昭雄

東海道本線を行く155系修学旅行用電車「きほう」と80系普通電車。155系は昭和34（1959）年4月20日に初の修学旅行用電車としてデビュー。東京都、大阪市、京都市、神戸市の教育委員会による鉄道利用債引き受けにより中学3年生の修学旅行を対象とした専用電車として造られた。当初は形式称号改正直前で89系と呼ばれた。

前年に91系（後の153系）として登場した新性能急行電車をベースとして修学旅行用に2人・3人掛け座席、枕木方向配置の網棚、飲料水タンク、電気式時計、速度計を室内に設置。車体塗色と愛称名は学生公募により朱色3号と黄1号の明るい車体色と、東京を起点とする「ひので」（汽車会社製）と関西を起点とする「きほう」（日本車輌製）が選ばれた。修学旅行用電車は159系・167系と仲間を増やす。昭和47（1972）年に修学旅行は東海道新幹線に移行されて役目を終え、臨時電車用に転用された。後に湘南色に塗り替えられて一般形に改造され、「修学旅行色」は1980年代に姿を消してしまう。153系に比べて屋根が低く角張った車体断面、スカートが取り付けられていないのが分かる。◎稲沢付近　昭和35年頃　撮影：日比野利朗

貨物線の下を通過する155系修学旅行用電車「きほう」を俯瞰。153系に比べ、中央東線の狭小トンネルを通過可能なよう、屋根を低くしたために角張って見える。◎稲沢〜尾張一宮　昭和35年頃　撮影：日比野利朗

モハ80系湘南電車

クハ86017ほかモハ80系。日本初の中・長距離用電車のモハ80系は沿線のみかんの葉と実に由来する緑と橙色の鮮やかな2色で登場。蒸気機関車の黒やぶどう色、深緑等の暗い色ばかりの省電、鉄道車両の中で度肝を抜くようなカラーとスタイルは、昭和24 (1949) 年に鉄道省から国鉄としてスタートした直後の画期的な出来事であった。

80系は鉄道車両のカラー時代を呼び起こし、その後の国・私鉄の新型車両に大きな影響を与えた。固定編成で分割併合を行わないため先頭車は非貫通型スタイルとなった。クハ86の1次車は従来とあまり変わらない平凡な3枚窓であったが、昭和25年登場の2次車クハ86023以降で前面上半部を傾斜させ、大きな前面2枚窓の間に鼻筋を通した2つ折り平面となり、愛嬌のあるこの顔は「湘南型」と呼ばれ、その後の新型車両に大きな影響を与えた。登場当初、車体塗色の橙色は濃すぎて毒々しいという声が多く、評判が芳しくなかったので昭和25年製の2次車で赤みの強い橙色から黄柑色に変更されている。

東急5000・小田急2200・京王2700・阪神3011・神戸300・近鉄800・京急500・西武501・京成1600・東武5700・西鉄1000・名鉄5000・南海11001・国鉄EF58・EH10等々、この湘南型前面が大流行する。◎東京駅　昭和31年3月13日　撮影：野口昭雄

東海道本線を行くクハ86ほかモハ80系普通電車。同線電化の進展に合わせて昭和25（1950）年に初の長距離用電車として登場。車体は客車をそのまま電車にしたスタイルであるが、煤煙による汚れを考慮したぶどう色からみかん色と濃緑色2色の鮮やかな色彩となった。前面は非貫通型で、当初は3枚窓であったが、昭和25年製の2次車から中央に鼻筋を通し、窓から上を傾斜させた大きな2枚窓となった。この前面は「湘南型」と呼ばれ、「金太郎塗り」の塗り分けとともに、国鉄・私鉄の新型車のデザインに影響を与え、「湘南型」の前面スタイルが大流行した。車体は当初は半鋼製車体であったが、昭和32（1957）年登場の最終グループ300番代ではナハ10系軽量客車の設計を採り入れた全金属車体となって洗練されたスタイルになる。写真のクハ86は台車がTR48になったタイプ。
◎稲沢付近　昭和33年10月　撮影：日比野利朗

EF57電気機関車

高崎駅に停車中のEF57 15＋客車列車。EF57は昭和15（1940）年に試作機1機が、昭和16〜18年に量産機14機の合計15機が日立製作所、川崎車輌で製造。試作機EF57 1はEF56の最終製造車13号機に新開発のモータMT-38を搭載したパワーアップ版で、先輪を2軸とした2-C+C-2の軸配置を持つ。

車体は箱型・前後デッキ付のスタイルはそのままであったが、EF57 2以降の量産機では主抵抗器容量が増え、蒸気暖房装置の排熱向上のため屋根に煙突を設置。屋根上にある水槽の蓋との干渉も避けるためにパンタグラフは車体前後両端一杯に寄せられて、高く嵩上げした台の上に載せられた。前照灯はパンタグラフとの干渉を避けるために前面の乗務員扉上部に取り付けられた。全機が沼津機関区に配置。東海道本線東京〜沼津の旅客用として走り始めた。

昭和24（1949）年5月の東海道本線浜松まで電化された時に、低い跨線橋との干渉を避けるためにパンタグラフ高さを抑制する必要が生じた。そのため、450mm外側に寄せられ、車体から外側に飛び出して高さを100mm抑えられたパンタ台の上に移設された。この改造は国鉄の浜松工場と大宮工場で行われ、パンタグラフが車体から飛び出したダイナミックな外観は他に見られない特徴となった。

東海道本線の電化は昭和28年に名古屋、昭和30年に米原と進んだが、東京〜名古屋間の直通運転には暖房の燃料と水の容量不足、モータの電機子軸受が平軸受であることからEF57は優等列車の長距離無停車運転には無理があるとして、その任を後継の新EF58に譲り、ローカル運用になった。昭和31年11月の米原〜京都の電化により、東海道本線の電化が完成。同年秋に全機が東海道を離れ、6機が長岡第二機関区、8機が高崎第二機関区へ移動。上越線への転属に際し、同年11月に大宮工場で汽笛カバー、前面窓と前照灯上部につらら切り用の庇、スノウ・プロウ取付準備等耐雪対策の改造が行われた。その結果、さらに迫力のある姿になった。

しかし、上越線での活躍はEF57にとっては重荷で、昭和37年6月の新潟電化を前に全機が宇都宮機関区に転属。東北本線上野〜黒磯間の旅客列車牽引で活躍した。

EF57 15は昭和18年川崎車輌製。最初は沼津機関区に配置され、晩年は宇都宮機関区に転属。昭和51年に廃車となった。写真は高崎線・上越線で活躍を始めた頃の姿。

◎高崎駅　昭和32年頃　撮影：日比野利朗

東海道本線を走る列車

東海道本線名古屋付近の高架区間を行くD51 274＋客車列車。D51は鉄道省が昭和11（1936）年〜昭和20（1945）年までに鉄道省の浜松・大宮・苗穂・鷹取・長野・土崎・郡山・小倉工場の他、川崎車輌、汽車製造会社、日立製作所、日本車輌製造、三菱重工業で1115機が製造された。「ミカド型軸配置」と呼ばれる1-D-1の軸配置を持つ。D51 274は昭和9年8月川崎車輌兵庫工場製。大阪局吹田機関区に配置。梅小路を経て昭和30年に中津川へ移動し、昭和45年に廃車となった。
◎名古屋付近　昭和33年1月　撮影：日比野利朗

東海道本線を行くキハ55 27ほかの準急列車。全体のクリーム色2号と赤2号の細帯は昭和31 (1956) 年キハ55
形準急「日光」で採用。キハ55 27は昭和32年末以降に製造された2次車で、側面は一段上昇窓の上にHゴム支持
の細長い固定窓が並ぶバス窓スタイルで、後位側車端部の大きな丸みがなくなったタイプ。台車は枕バネがコイル
バネDT22となって乗り心地が改善された。昭和33年製以降で天地の大きな一段上昇窓に変更された。
◎稲沢〜尾張一宮　昭和35年頃　撮影：日比野利朗

急行「阿蘇」に組み込まれたナハ10 10。10系客車は全金属軽量車体として昭和30 (1955) 年から製造。半鋼製
客車スハ43系やオハ61系、戦前型スハ32系に混じって使用。側窓の上下に帯状の外板の重なり部分をなくしたノー
シル・ノーヘッダーの平滑な車体とアルミサッシの大きな窓が特徴であるが、従来通りのぶどう色の車体がやや重々
しい。急行「阿蘇」は昭和25年11月に急行列車「銀河」「せと」他、広く愛称をつける際に東京〜熊本間の昼行急
行列車に命名したのが始まりである。◎名古屋駅　昭和34年10月　撮影：日比野利朗

国鉄大井工場での車両展示

アジアやアフリカ諸国の鉄道関係者が抱える問題点の話し合いと親睦を深めることを目的として、昭和33（1958）年5月に国鉄主催のARC「第1回アジア鉄道首脳者懇談会」を国鉄大井工場で開催。国鉄・私鉄・路面電車・メーカー出品等々様々な車両を展示し、一般のファンも参加できた。展示会に並ぶ名古屋市電808NSL・国鉄モハ90・モハ80 300番代。その後ろには国鉄モヤ4700、東急デハ5043が見える。モハ90561＋モハ90086（後のクモハ101-26＋モハ100-38）は昭和33年4月30日汽車会社製で三鷹電車区に配置されたばかり。モハ90は国鉄初のカルダン駆動を採り入れた新性能通勤電車で、昭和32年に試作車10両が造られた。2両はその翌年から中央線東京口に投入が始まった量産車である。オレンジ・バーミリオン（朱色1号）の鮮やかなカラーと20m4扉両開きドアの車体スタイルはその後、多色化する通勤電車の先駆けとなった。翌年の形式称号改正で101系と呼ばれる。

モハ80は吊り掛け駆動の旧性能車として製造された湘南電車最後のグループである300番代で、車体はナハ10系軽量客車の電車版スタイル。後継の新性能車モハ91系（後の153系）と初の特急電車モハ20系はこの年秋に向けて鋭意設計・製造中でこの展示には間に合わない。国鉄は昭和29年頃から私鉄で始まったカルダン駆動車の導入では3年程度の遅れがあったことがうかがえる。優等列車の展示は少なかったが、この展示会は好評で、昭和35年10月に国立の鉄道技術研究所で第2回が開催された。
◎国鉄大井工場　昭和33年5月　撮影：日比野利朗

浜松町駅を通過する横須賀線

モハ70系

⟶

浜松町駅を通過する横須賀線クハ76ほか70系。クハ76の正面窓は木枠の初期型で昭和25（1950）～昭和26年製。昭和34年から更新修繕が始まり、Hゴム支持になる前の原型の姿である。右の樹木は「芝離宮 恩賜庭園」。
◎浜松町駅　昭和30年頃　撮影：日比野利朗

常磐線・客車時代の特急「は

上野駅を発車するスハ44ほか特急「はつかり」青森行きを途中後ろから。昭和33 (1958) 年10月より上野12:20→青森0:20の12時間の旅が始まる。仙台まではC62牽引した。◎上野駅　昭和35年　撮影：日比野利朗

上野駅を発車した特急「はつかり」スハフ43ほか青森行き。昭和33 (1958) 年10月のダイヤ改正から東北方面初の特急列車として上野〜青森間 (上野〜仙台間は常磐線経由) で走り始めた。昭和35年12月に新型気動車キハ80系投入までは客車列車であった。車体色は昭和33年10月に登場した20系ブルー・トレインと同じ「青色15号」と呼ばれる紺色にクリーム色1号の細帯。客車最後尾スハフ43の貫通路にある「はつかり」の黄色の丸いテール・サインが旅情を誘う。
◎上野駅　昭和35年　撮影：日比野利朗

つかり」

常磐線友部駅を通過するC62牽引の特急下り「はつかり」。スハフ43＋ナロ10×2＋オシ17＋スハ44×3＋スハニ35＋C62。車体色は青色15号にクリーム色1号の細帯。手前に見えるのはキハ55急行列車「ときわ」2号上野行きであろうか。
◎友部駅　昭和35年5月　撮影：日比野利朗

常磐線を行くスハニ35 8＋C62の特急「はつかり」下りが通過中。
◎友部駅　昭和35年5月
撮影：日比野利朗

キハ80・401系・ED42

日本初のディーゼル車による特急「はつかり」キハ81-キロ80-キサシ80-キハ80-キハ81の試運転。動力装置は従来の8気筒縦型のディーゼル機関を水平型に改め、防音上好ましくない床の点検蓋をなくした180HPの横型DMH-17Hを2基搭載。車体構造、固定窓ガラス、冷暖房設備、空気バネ台車等の旅客設備は特急「こだま」「あさかぜ」と同等のものとした。先頭車のボンネットは「こだま」に似ているが、運転台の高さは単線区間での通票(タブレット)交換を容易にしたため、やや低くなっている。

国鉄の気動車メーカーは帝国車輌、近畿車輌、川崎車輌、日立製作所、新潟鉄工所、日本車輌名古屋本店、日本車輌東京支店、東急車輌、富士重工の9社があり、キハ80系は各社が総力を挙げて製造された。キハ80系はもう一つの目的として、昭和35(1960)年10月に開催される「第2回アジア鉄道首脳者会議」(ARC)に向けた新技術アピールの目玉商品として、試乗列車と国立の鉄道技術研究所での展示という務めがあり、それに間に合わせるべく突貫工事で進められていた。

第一陣は9月15日に9両が落成。東北本線で試運転を行い、10月13日の東京〜国立、14日の上野〜日光のARC試乗列車と14〜20日の国立での展示も無事に果たし、日本初のディーゼル特急を世界にアピールする絶好の機会となった。写真はその後に落成した車両で、国鉄に引き渡す際の試運転と思われる。合計26両が尾久客車区に配属され、12月10日のダイヤ改正でディーゼル特急「はつかり」は、上野〜青森間を蒸気機関車牽引の客車列車の11時間25分から10時間25分に短縮して走り始める。◎岸辺　昭和35年11月7日　撮影：野口昭雄

クハ401-3他401系4連。常磐線取手～水戸間交流電化用として昭和35（1960）年に製造された交流（50Hz）直流両用近郊型電車。新性能車として初のセミクロスシート配置とした3扉車である。昭和36年6月に交流電化完成で活躍を開始する前、昭和35年10月に国立にある鉄道技術研究所で開催されたARC「第2回アジア鉄道首脳者会議」で展示された姿。前頭部スタイルはクハ153東海型を継承。111,113系等、その後の近郊型電車の標準型となった。車体色は交流直流両用を示す赤13号で、前面窓周囲とオデコに警戒色としてクリーム色1号を巻いた。401系と時期を同じくして九州地区交流電化区間（60Hz）用の421系が製造された。60Hz用として識別のため、車体裾にクリーム2号の細帯が巻かれている。◎国鉄鉄道技術研究所　昭和35年10月19日　撮影：野口昭雄

アプト式運転最終日のキハ82系特急下り「白鳥」を前後に計4両のED42で挟みながら軽井沢に向けて66.7‰の連続勾配を押し上げる。最後尾のED42 22には「東京鉄道趣味同好会」製作の「白鳥」ヘッド・マークが付けられ、いつもの武骨さを和らげている。昭和38（1963）年7月15日から新線ルートによるEF63とEF62による粘着運転が開始され、9月29日をもって線路中央のラック・レールを使用したアプト式運転の廃止とED42の運用が終了した。◎横川　昭和38年9月29日　撮影：野口昭雄

平駅に停車中のキハ55急行

平駅（現・いわき駅）に停車中のキハ55急行「みやぎの」。昭和34（1959）年9月にキハ55による国鉄初のディーゼル車定期急行列車としてスタート。車体色は「みやぎの」に初採用された急行色で、朱色に近い赤11号とクリーム色4号である。エンジン出力が180PSに強化され、車体は側窓が大型化されて一段上昇窓となった昭和33年製キハ55 101以降のタイプである。上野〜仙台間は常磐線経由であったが、昭和36年10月に東北本線経由に変更のうえ、客車化。昭和37年10月には電車化された。写真は僅か2年のディーゼル急行時代のものである。
◎平駅　昭和35年　撮影：日比野利朗

「みやぎの」

常磐線土浦付近の蒸気機関車

C62＋荷物客車レと、手前に見える8620形＋車掌車は入替中だろうか。水が張られた田圃に列車の影が映り込む。電化前で架線もポール
もなく、電化工事の気配は感じられない。昭和36（1961）年6月1日の取手～水戸電化前の初夏。空には積雲が浮かび、湿度が高い夏の訪
れを感じさせる。◎土浦付近　昭和33年頃　撮影：日比野利朗

高崎線の電気機関車

高崎線を行くEF15 176＋貨車レ。EF15は勾配線区用として回生ブレーキ付に改造されてEF16に形式変更された24機を含み、昭和22 (1947)〜昭和33年に202機が製造された貨物列車専用の直流機関車。先輪を1軸とした1-C＋C-1軸配置を持つ箱型車体・両側デッキ付の戦前からのスタイルを継承。旅客用のEF58と台車や電気機器等の主要機器が共通化された。
東海道本線、山陽本線、高崎線、上越線、東北本線等の主要線区に投入され、各地で活躍した。EF10以降からの箱型車体、前後デッキ付である。EF15 176は昭和33年8月に東京芝浦電機製で高崎第二機関区に配置。前面窓にツララ切の付いた寒冷地向けスタイルである。新造間もないとは思えない鉄粉を全身に浴びた凄まじい姿。◎高崎付近　昭和35年5月　撮影：日比野利朗

EF15 200は1958（昭和33）年9月日本車輌・富士電機製で高崎第二機関区配属。同じ9月にこだま型特急電車の始祖であるモハ20系が
完成する中、古色蒼然とした戦前スタイルであるぶどう色の箱型車体・前後デッキ付の電気機関車が造られていたことに驚きを感じる。屋
根上には特急「こだま」と同じLA-13避雷器が見える。◎高崎第二機関区　昭和34年頃　撮影：日比野利朗

高崎第二機関区

高崎第二機関区に佇むEF57 4、EF57 10ほか。EF57はEF56の出力強化版として昭和15（1940）〜昭和18年に15機が製造された直流電気機関車。EF56とともに客車用暖房装置であるSG（蒸気発生装置）を搭載。東海道本線で特急「つばめ」「はと」を牽いていたが、長距離走行に難のある同機は後継EF58と入れ替わる形で昭和31年11月19日、東海道本線全線電化を前に事故廃車となった12号を除く全14機が高崎第二機関区、長岡第二機関区に移動し、高崎・上越線で活躍を始めた。昭和37年6月の上越線新潟電化を前に全機が宇都宮機関区に移動し、東北本線上野〜黒磯で活躍。その後、EF58に置き換えられ昭和53年までに廃車となった。箱型車体の両側にデッキが付き、車体からデッキ側にはみ出したパンタグラフが魅力。◎高崎第二機関区　昭和33年10月　撮影：日比野利朗

高崎第二機関区のEF57、EF57。背景には上州の山並みが広がる。◎高崎付近　昭和33年頃　撮影：日比野利朗

機関区の片隅に置かれた休車状態の国鉄EF55 1。EF55は鉄道省時代の昭和11（1936）年に3機が製造された。EF53のメカニズムを継承しているが、流線型の第1エンド側の先輪が2軸、第2エンド側を1軸とした2-C+C-1の軸配置である。歯車比を2.63から2.43に変更して高速性能が高められている。当時流行した流線型車体デザインを採り入れた。流線型がブームだった時期にあり、蒸気機関車ではC55が、電車ではモハ52形、気動車はキハ43000形が流線型車体で登場している。車体はリベットを廃した全溶接構造。片側運転台は流線型であるが第2エンド側は切妻である。

沼津機関区に配属され、東海道本線の特急「つばめ」「富士」を牽引した。しかし、最高速度95km/h程度では流線型による空気抵抗低減効果が得られない、転車台での方向転換が必要、流線型カバーの取り外しに手間がかかる等、使い勝手が問題視されるようになり、昭和27年に3機とも高崎第二機関区に移動。高崎線でEF53とともに使用されるが、保守の問題から休車となることが多くなり、1960年代に2機が廃車。塗装に色艶がなくやつれた休車状態のEF55 1。ユーモラスな前頭部は後に「ムーミン」と呼ばれ、廃車解体を免れたEF55 1は車籍を復活して昭和61（1986）年に高崎〜水上間で本線上に復活。JR東日本以降もイベント走行で時折本線上に姿を現していたが、平成21（2009）年1月のさよなら運転を最後に本線から引退。現在は大宮の鉄道博物館に保存展示されている。
◎高崎第二機関区　昭和30年5月　撮影：日比野利朗

大宮機関区と大宮工場

大宮工場の片隅に佇む青く塗られた車体の電気機関車は鉄道省時代に輸入されたスイス製のED54。ブラウン・ボベリ社とスイス・ロコモティブ・アンド・マシン・ワークス社により大正15（1926）年に2機が製造輸入された。当初は7000形と呼ばれたが、昭和3年の形式番号の様式変更でED54となる。車体は車端部が幅狭く絞られた形状で両端にデッキ付。東海道本線で使用された。ブフリ式動力伝達装置と呼ばれる駆動方式を持ち、従来の吊り掛け式とは違い、モータ、大小の歯車を主台枠に弾性支持で装荷。後に普及したカルダン駆動のような動軸に伝達する方式であった。

だがその複雑さゆえに精度の高い製造技術と保守が要求され、当時の日本の工業水準ではハードルが高く、2機のみということもあり国産電機の中で次第に活躍の場を失い1948（昭和23）年に廃車。長い間、大宮工場北端に放置されていた。前面ガラスは破損し、屋根上にはパンタグラフもない。特徴ある大きな動輪とブフリ式動力伝達装置の動輪を結ぶロッドはカバーのようなものに隠され、見ることが出来ない。後ろに車体隅の丸みの大きいDD10ディーゼル機関車が同じ運命をともにしている。いずれも現役時代にはない青色の車体が異彩を放つ。1960年代に解体された。◎大宮工場　昭和30年10月　撮影：日比野利朗

18646は通称「ハチロク」と呼ばれる8620形蒸気機関車で、鉄道省の前身である鉄道院が日本で初めて量産した旅客用テンダー式蒸気機関車である。明治末期に各国から輸入された蒸気機関車を参考に設計。軸配置は1-C-0で、大正3（1914）年〜昭和4（1929）年に672機が製造された。軸重制限のある支線区で活躍。勾配のある線区や入れ換え作業でも活躍した。大宮機関区では川越線、八高線等で多くが貨物列車に従事していた。18646は大正6年汽車製造大阪工場製。中部局管内配置となるが、1930年代に千葉に移動。勝浦、安房北條、館山を経て、戦後の昭和24（1949）年に八王子に転じ、昭和39年に廃車となった。◎大宮機関区　昭和31年5月　撮影：日比野利朗

DD13は昭和33（1958）年に入換用として登場した液体式ディーゼル機関車。当初はぶどう色2号に黄色の帯が入った塗装であったが、視認性の問題からか、後に朱色とグレーを主体とした塗装に変更される。前照灯1灯はDD13 1〜110の特徴。昭和42年までに416機が造られ、全国各地で見られた。◎大宮工場　昭和33年頃　撮影：日比野利朗

仙山線

仙山線で試運転中の交流電化試作車クモヤ790-1＋クヤ490-11＋クモヤ490-11。いずれも元旧型国電からの改造車であるが、3両とも
に出自を異にする凹凸編成。クモヤ790-1は旧モハ11250で、交流電化区間を1両で運転可能な電車として整流子のない単相誘導電動機を
用いた簡易な構造。しかし、単相誘導電動機は起動と回転数の制御が難しいため、気動車と同じく液体変速機を介した駆動方式を採用。車
体床下中央部の台枠に装荷された電動機は非パンタ側台車内側の動輪軸にドライブ・シャフトで結ばれた二軸駆動である。昭和34（1959）
年に国鉄大井工場で改造され、主要電機品は日立製作所、液体変速機は振興造機である。改造の際、両運転台となり、両脇に細長い窓を配し
た前面窓はパノラミック窓に似た表情。
クヤ490は社型国電と呼ばれた元伊那電気鉄道サハニフ401で、国有化後の飯田線で使用され、1952（昭和27）年に制御車化されてクハ
5901となっていた。3両目のクモヤ490-11は戦後生まれの旧モハ73033で、クヤ490と2両ユニットを組む。交流区間専用のクモヤ
790と異なり、交流・直流どちらでも運転可能な構造。クヤで取り込んだ交流（50Hz/20KV）または直流（1500V）を隣のクモヤ490に給電
して直流電動機を駆動させる方式で、交流を整流せずそのまま誘導電動機を駆動させる直接式に対し間接式と呼ばれる。クヤは屋根を大改
造し、パンタグラフと多数の碍子が並ぶ。日立製作所製の水冷式エキサイトロン整流器と変圧器を搭載した。車体色はぶどう色から交流電
化区間専用車を表すローズ・ピンクとクリーム色の2色で個性的な外観が目を引く。
旧モハ73のクモヤ490-11はパンタグラフを撤去した以外、目立った外観の変化はなく、ぶどう色の車体の裾に白い帯が入れられた位であ
る。昭和35年に試験車両は営業用に改造され、写真はその直後と思われる。結局、液体変速機方式は出力が低く実用には至らず、試験車は
全て昭和41年に廃車となって役目を終えた。◎作並駅　昭和38年5月　撮影：日比野利朗

仙山線は日本初の交流電化区間で、昭和32（1957）年5月に仙台〜作並間が電化された。交流電化は直流電化に比べて交流を直流に変換する必要がないので変電所設備を少なくすることができ、安価な電化が可能なことから鉄道近代化促進の一つとして昭和28年に「交流電化調査委員会」を設置して交流電化技術の研究を進め、仙台〜作並間を交流電化の実験線として昭和30年から試作電気機関車による試験を始めた。ED45はその1機。交流区間走行に際して、交流をそのまま降圧して交流モータ（単相交流整流子電動機）を駆動させる「直接式」と、交流を電気機関車に搭載した整流器で直流に変換し、変圧器で降圧して直流モータ（直流直巻電動機）を駆動させる「間接式」があり、ED45はイグナイトロン式水銀整流器を搭載した間接式である。

昭和30年に直接式ED44 1が日立製作所で、ED45 1は三菱電機・三菱重工で製造され、比較検討された。箱型車体の両側前面にデッキの付いた戦前の電気機関車のような古めかしいスタイルであるが、ローズ色の車体色が目新しい。前面下部にはEF58に似たステンレス製の帯が締められている。「作」の所属表記が見える。仙山線での試験終了後、形式変更されてED91 1となり、水銀整流器を半導体整流器に交換して実用試験機として使われ、さらにシリコン整流器に交換してEF70形の母体となる。昭和45年に廃車となった。

◎作並駅　昭和31年5月　撮影：日比野利朗

作並機関区のED17

仙山線作並機関区に佇むED17 20。ED17形は大正12（1923）～14年にイギリスから輸入されたED50形を改造して生まれた直流電気機関車。イングリッシュ・エレクトロニクス（英国電機）社製で、Dick Kerr（ディック・カー）工場製であることから「ディッカー車」と呼ばれることもあった。昭和5（1930）～6年に歯車比を大きくして勾配の多い中央線の電化開業用として改造されて17機がED17 1～17となった。昭和18～19年に軍需輸送による貨物需要の増加のため、ED52形2機、ED51形3機からの改造でED17 22～26となった。その後、昭和24（1949）～25年にED18形3機、ED13形2機が改造されてED17 19～21、27、28となった。写真のED17 28は旧ED13 2である。ED13形は東海道本線電化に際し大正13年に英国電機から輸入された直流電気機関車で、電気部分は英国電機製であるが、機械部分はバケット・アンド・サンズ社製で、屋根の丸みが強い。戦後、電機品は主幹制御器、主電動機等、ほとんどが国産機器に取り替えられている。のちに仙山線の直流区間である作並～山寺用として転属し、昭和43年9月に同線全線交流電化されるまで活躍していた。
◎作並機関区　昭和30年10月　撮影：日比野利朗

東北本線、高崎線

ED71 19＋旧型客車。東北本線黒磯以北の交流電化に合わせて北陸本線用ED70の出力1500kw級から2000kw級にした電気機関車が求められ、昭和34（1959）年に仕様の異なる試作機を3機製造。この実績を基に昭和38年までに52機が量産され、合計55機となった。車体は重連総括制御を行うために前面貫通型となり、同時期登場のED60・ED61と似たスタイル。側面の田の字型ルーバーが特徴。ED71 19は昭和34年東芝電機製で福島機関区に配属。水銀整流器のエキサイトロン凍結防止のため、黒磯～小牛田での運用という縛りがあった。
◎福島　昭和38年5月
撮影：日比野利朗

C60 14は昭和29（1954）年10
月にタネ機C59 69を浜松工場
で改造。2-C-2軸配置（ハドソン）
にして軸重軽減（16t→15t）を図
ることで乙線への入線を可能と
した。改造後配置は盛岡区。昭
和43（1968）年10月に廃車。
◎仙台機関区　昭和33年5月
撮影：日比野利朗

オハ60 335＋オハ61系＋EF56を
後ろから。EFは車体の丸みが大きく、
パンタは中央寄りのEF56か。オハ
60、61は戦前の木造客車を昭和25
（1950）年から国鉄工場で車体鋼体化
改造して生まれた客車。初期のオハ
60は改造前に似た幅の狭い窓が並ぶ
が、オハ61以降で1000mm幅の広い
窓になり、同時期に製造されていたス
ハ43系と同様の姿になった。台車は
タネ車のイコライザー式TR-11を流用
している。◎高崎付近　昭和31年5
月　撮影：日比野利朗

八王子駅と八王子機関区

中央本線下りキハ55準急「第1白馬」407Dレ。最初に登場した急行「アルプス」が非常に好評のため、国鉄ではキハ55の増備を急ぎ、次々
に松本機関区に配属させたとのこと。中央本線キハ55準急「第一白馬」下り。初夏を思わせる日差しの下、ホームで列車を待つ若者は下駄
を履いている。◎八王子駅　昭和35年頃　撮影：日比野利朗

EF11は1935（昭和10）〜 1937（昭和12）年に４機が汽車製造で製造。鉄道省初の回生ブレーキの付いた勾配区間用直流電気機関車。
EF10に準じた先輪を1軸とした1-C+C-1軸配置を持つ。箱型車体に両側デッキ付であるが、車体はリベットから全溶接となった。４号機は
車体が丸みのある形状となり、続いて登場したEF56 1〜6、EF10 17〜24にも継承された。甲府・水上機関区配置となり、上越線・中央
本線で使用されたが、国府津を経て八王子機関区に転属して貨物列車牽引となり、昭和49（1974）年に廃車となった。写真は丸みの多い４
号機である。◎八王子機関区　昭和30年頃　撮影：日比野利朗

甲府機関区、西国立の機関車

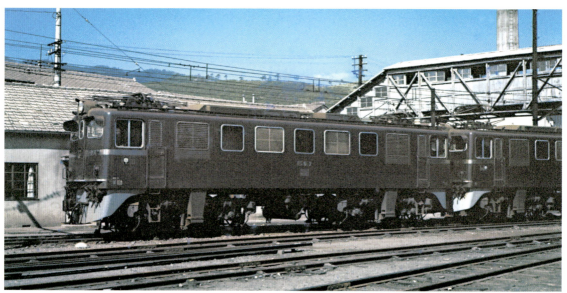

ED61 2は輸入電機ED17等、老朽化したED形電気機関車の取り替えを目的としてED60とともに昭和33（1958）年に登場した旅客・貨物両用直流電気機関車。直流直巻モータ400kw×4台をノッチ間の電流変動を少なくコントロールできるバーニア制御とクイル式動力伝達装置で駆動させる。ED61はモータを発電機として用いて起こした電気を架線に戻す回生ブレーキを装備。昭和34年にかけて日立製作所、東芝電機、川崎車輌で18機を製造。中央本線八王子～甲府間で主に使用された。後に一部は阪和線に移動。甲府機関区「甲」の所属表記が見える。昭和41年以降はEF64の登場により活躍の場を全機が飯田線に移し、線路規格の低い同線に合わせて中央部に1軸の台車を履かせ、軸重軽減を図ったED62に改造されて形式消滅となった。◎甲府機関区　昭和37年10月　撮影：日比野利朗

西国立に佇むED24 1。ED24形は鉄道省最後の輸入電気機関車として昭和2（1927）年にドイツで2機を製造、昭和3年に輸入され、当初ED57形と呼ばれた。電気部分はシーメンスシュケルト社、機械部分はボルジッヒ社製。旅客列車牽引用で、車体は箱型で、前後デッキ付。運転台部分が絞られた形状。屋根は中央部分が高くなっており、大型のパンタグラフが前後に配置されている。東海道本線で使用されたが、中央本線電化後は八王子機関区に移り、飯田町～八王子で使用された。昭和19年に大宮工場で歯車比の改造を受けて貨物列車牽引用ED24となった。昭和35（1960）年に2機ともに廃車。窓上部の大きなRが他の形式には見られない特徴である。◎西国立　昭和30年5月　撮影：日比野利朗

ED24 2前面。小さな窓上部の大きなRが特徴。◎西国立　昭和31年5月　撮影：日比野利朗

相模湖駅、電化前の中央西線

70系スカ色が本線に1本。ホーム左側の電留線に1本。青15号とクリーム1号のスカ色は日本のどんな風景にもよく似合う。横須賀線は後継の新性能車113系投入により、旧性能車70系は昭和41（1966）年に電化の進む中央本線に進出。相模湖駅は古くは与瀬駅と呼ばれ、昭和31年4月に相模湖駅に改称された。◎相模湖駅　昭和31年10月　撮影：日比野利朗

中央本線の愛知・岐阜県境の愛岐渓谷を行く蒸気+客車列車の車窓から。右側に流れる川は愛知県側では庄内川であるが岐阜県側では土岐川と呼ばれる。緑深い渓谷に初秋の強い日差しが降り注ぐ。愛岐渓谷のこの区間は13基のトンネルがあったが、昭和41（1966）年に複線電化完成による長大トンネルの新線ルートに切り替えられ、この車窓からの風景は見られない。
◎定光寺〜古虎渓　昭和35年頃　撮影：日比野利朗

初冬の恵那山を背景に

雪化粧した優しい稜線の恵那山をバックに初冬の山村を行くキハ45000形。幹線である中央本線には1本の電柱も電線もない。キハ45000形は、昭和28年(1953)年に登場した一般形ディーゼル車で、動力伝達方式を歯車式から新開発の液体変速機(トルク・コンバーター)を採用。複数の気動車を連結して運転士1人での総括制御が可能となった。車体・台車は軽量化が図られている。昭和32年4月の気動車形式称号改正によりキハ17形と改称された。クリーム色と紺色の一般型車標準色は昭和30年代末まで見られた。◎中津川～美乃坂本　昭和30年代初め　撮影：日比野利朗

大曽根付近の昼下がり

D51は、鉄道省が昭和11（1936）～昭和20年までに鉄道省浜松・大宮・苗穂・鷹取・長野・土崎・郡山・小倉工場のほか、川崎車輌、汽車製造会社、日立製作所、日本車輌製造、三菱重工業で1115機が製造された。「ミカド型軸配置」と呼ばれる1-D-1の軸配置を持つ。
中央本線を行くD51＋客車上り列車が行く築堤と交差する道路の先には名鉄瀬戸線の踏切が見える。リヤカーの男性、厚い外套を着た婦人、赤い服を着た子ども、めしやの看板、赤い車番プレートを付けた蒸気機関車の白くたなびく煙が冬の午後の日差しを浴び、今晩は一段と寒くなりそう。◎大曽根付近　昭和33年12月　撮影：日比野利朗

稲沢第一機関区

稲沢第一機関区に佇むC50 148。昭和7（1932）年日立製作所笠戸工場製。当初は札幌の配置で、昭和23年に岡山に移り、その後名古屋、沼津と移動して昭和41年に廃車となる。C50は鉄道省が昭和4年〜8年に154機が製造された2-C-0の軸配置を持つ旅客用のテンダー式蒸気機関車である。
◎稲沢第一機関区　昭和35年1月　撮影：日比野利朗

稲沢第一機関区で身体を休める29685は大正8（1919）年4月川崎造船兵庫工場製。東部局配置（詳細不明）。昭和18（1943）年に田端区から高山区へ移動。戦後間もなく稲沢区に移り、昭和29年稲沢第一区（名称変更）で入換専用機となる。昭和40年代には秋田区に移動し、昭和47年に廃車。9600形は鉄道省の前身である鉄道院が大正2年から製造した日本初の本格的な貨物列車牽引用テンダー式蒸気機関車である通称「キュウロク」と呼ばれ、「ハチロク」と呼ばれる8620形とともに支線区の貨物列車で活躍。1-Dの軸配置を持ち、大正15（1926）年までに770機が製造された。◎稲沢第一機関区　昭和31年10月　撮影：日比野利朗

稲沢駅に停車中のC11 219赤プレート。煙突には回転式の火の粉止めが取り付けられている。C11は鉄道省が昭和7 (1932) 年から製造した加熱式の小型タンク式蒸気機関車である。軸配置は1-C-2で、支線区の貨物用として活躍。昭和22年までに381機が製造された。C11 219は昭和16年日本車輛名古屋工場製。配置は名古屋で一時福井に移動したが、昭和43年の廃車までほぼ名古屋地区で活躍。客車は木造ダブル・ルーフ車体で、「名ナコ　定員72」の表記が読める。
◎稲沢駅　昭和35年1月
撮影：日比野利朗

大きなターンテーブルと扇状の機関庫 (ラウンド・ハウス) を背景にC12 42とC58 69が向き合う。屋根上には無数の煙突が立ち並ぶ。C12は、鉄道省が1-C-1の軸配置を持つ軸重制限のある簡易線規格路線用の小型軽量機関車として昭和7 (1932) 年～15年と昭和22年に282機が製造された。C12 42は昭和8年日本車輛名古屋工場製。札幌局配置となり、昭和16年に吹田区に移動。昭和29年に中津川に転じ、その後稲沢一区を経て中津川に戻り、昭和47年に廃車となった。C58は、鉄道省が昭和13年～22年にかけて431機が製造されたローカル線用の客貨兼用テンダー式蒸気機関車である。1-C-1の軸配置を持つ。C58 69は昭和9年3月川崎車輛兵庫工場製。稲沢配置。大垣区、美濃太田区を経て戦後に稲沢区に戻り、昭和28年の名称変更で稲沢第一機関区となる。その後、美濃太田を経て長野運転所へ移動し、昭和45年に廃車となった。◎稲沢第一機関区　昭和35年5月　撮影：日比野利朗

稲沢第二機関区

稲沢第二機関区で休むEF53 3。EF53はEF52をベースに昭和7（1932）～昭和9年に19機が製造された旅客用の直流電気機関車。EF52
に比べギヤ比を3.45から2.63に下げて高速性能を向上させた。先輪を2軸とした2-C+C-2の軸配置を持つ。箱型車体の両側デッキ付で、
東海道本線の東京～国府津間で特急「富士」「つばめ」等の優等列車の牽引を中心に活躍。蒸気発生装置（SG）を搭載していないので、冬季
に旅客列車を牽引する時には暖房車の連結を必要としていた。◎稲沢第二機関区　昭和35年4月　撮影：日比野利朗

EF18は、戦後の昭和24（1949）年に東芝府中工場で製造中であったEF58が製造中止となり、デッド・ストックとなっていたEF58 32〜34を貨物用機関車として転用して生まれた3機で、EF18 32〜EF18 34である。EF58は高速を示す50番代の旅客用であったため、貨物用10番代への転用に際し、ギヤ比をEF58の2.68からEF15並みの低速用4.15とした。先輪を2軸とした2-C+C-2動軸配置のため動軸重量が軽く、デッド・ウェイトを15t積載してEF15並みの牽引力を確保した。

このような経緯からEF18は貨物用でありながら旅客用の旧EF58の外観を残す存在となった。後にEF58への改造編入が計画されていたが、実現しなかったため、EF58には32〜34の欠番が生じている。昭和26年5月に3機が完成。車体側面は側窓が多く並び、新車体として製造したEF58最初の35・36号機と共通した特徴が見られる。東海道本線で貨物用、静岡県内の駅構内の入換用として活躍。昭和54年に浜松機関区で廃車解体された。◎稲沢第二機関区　昭和33年10月　撮影：日比野利朗

EH10電気機関車

EH10の黒い車体の側面と青い空。◎岐阜付近　昭和34年5月　撮影：日比野利朗

EH10は昭和29（1954）〜昭和32年に64機が製造された東海道本線・山陽本線貨物列車牽引用の直流電気機関車。国鉄時代唯一の先輪のない２軸のボギー台車を有する２車体８動軸機で、国鉄史上最大級の電気機関車である。東海道本線の電化は昭和31年11月19日の米原〜京都をもって全線電化が完成。同線最大の難所である大垣〜関ケ原の連続6kmの10‰勾配を克服するため、当時最新鋭のEF15を凌駕する登攀力を持った機関車の開発が待たれ、EF15の6動軸から8動軸のEH10が登場した。車体は２分割になり、前面窓が窪んだ正面と角張った車体が特徴。
黒い車体と２車体の威圧的な外観から「マンモス」と呼ばれることもあった。昭和29年に造られた試作機EH10 1〜4はパンタグラフが車体中央に寄ったスタイル。EH10 5以降の量産機ではパンタグラフが車体外側になった。車体色は黒に黄色帯で精悍さが増した。また、初めて前面下部にスカートが付いた。◎稲沢第二機関区　昭和33年10月　撮影：日比野利朗

関西本線揖斐川橋梁

キハ55＋キハ51ほかの準急列車が揖斐川を渡る。暖かい春の
陽射しに誘われて列車を見に来た子どもとお母さんの後ろに美
しいシルエットのワーレン・トラス橋が見える。キハ55に挟ま
れたキハ51の車体が小さいのがよくわかる。最後尾のキハ55
は枕バネがゴム・ブロックのDT19台車であるが、正面窓が大型
化された昭和32（1957）年製キハ55 6 〜 15の2次車である。
◎桑名〜長島　昭和33年4月　撮影：日比野利朗

関西本線キハ55＋キロハ18＋キハ55ほかの準急列車が遠くに竜ヶ岳と藤原岳を見ながら菜の花咲く春の野を駆け抜ける。先頭のキハ55は昭和32（1957）年末以降登場のバス窓タイプのままで乗り心地が改善されたDT22台車のキハ55 16〜46。2両目のキロハ18は初のディーゼル2等車で、青帯部分が2等・赤帯が3等客室の合造車である。◎桑名〜長島　昭和33年4月　撮影：日比野利朗

関西本線を行くC55赤ナンバー＋客車列車。川沿いのなだらかな丘陵地帯には菜の花の黄色が見える。
◎桑名〜長島　昭和33年4月　撮影：日比野利朗

奈良気動車区に集う気動車

主力車種のキハ17やキハ35が並ぶ。他にキハ55やキハ58、キハ20系が在籍していた。奈良気動車区は昭和29（1954）年10月1日発足。昭和40年4月1日に奈良気動車区と奈良機関区が統合し、奈良運転所となった。
◎奈良気動車区　昭和38年10月1日　撮影：野口昭雄

皇太子殿下御夫妻ご成婚お

関西本線を行くC57 56＋御料車2号編成＋C57 79のお召列車。日章旗が掲げられ、最後尾は補機C57 79である。昭和34（1959）年4月にご成婚された皇太子ご夫妻（現・天皇、皇后両陛下）の伊勢神宮・橿原神宮ご参拝に伴うお召列車で、4月17日の東京〜名古屋間はEF58 61、名古屋〜亀山間はC58 216、亀山〜山田（後の伊勢市）はC57 56が牽引。翌18日は伊勢神宮から橿原神宮へ移動の行程日で、山田〜奈良をC57 56が牽引。途中、亀山〜奈良は関西本線亀山峠越えのため、後補機にC57 79が推進運転で付く重連となり、写真は最後尾の供奉車の扉が開いており、車内に人らしき影が見えないことから亀山駅出発前、駅に据え付ける直前の撮影と思われる。
皇太子ご夫妻がご乗車される御料車第2号は昭和8年大井工場製の半鋼製車で、昭和33年度に更新工事が計画されていたが、皇太子殿下のご成婚に伴うご旅行に使用されることが決まり、工期を繰り上げて同年12月末より大井工場にて着工。昭和34年3月に竣工して初の晴れ姿である。供奉車462・463・344・335もこれに合わせて大船工場で大修繕を行い、御料車2号とともに4月9日に大崎〜来宮間で試運転を行っている。側面中央には菊のご紋章が春の日差しに輝く。C57 56（本務機）＋供奉車463号＋供奉車335号＋御料車2号＋供奉車344号＋供奉車462号＋C57 79（後補機）。◎亀山駅　昭和34年4月18日　撮影：日比野利朗

C57 79のお召使用を前にピカピカに磨き上げられて整備された姿。C57は鉄道省で昭和7（1937）年に製造中であったC55 63号機が多岐にわたる改良に及んだため、新形式にすることが決定され、C57 1が同年に完成した。昭和22年までに201機が川崎車輌、汽車製造会社、三菱重工業、日立製作所で製造された。2-C-1の軸配置を持ち、動輪はC55のスポーク動輪からボックス動輪となった。C57 79は昭和14年三菱重工業神戸造船所製。最初は昭和29年11月7日の皇后陛下の日本赤十字社総会ご臨席で奈良〜亀山を運転。二度目は昭和34年4月18〜19日の皇太子ご夫妻伊勢神宮・橿原神宮ご参拝で後補機（本務機はC57 56）として亀山〜奈良・畝傍〜亀山を推進運転。三度目の昭和37年5月21・25日では、天皇皇后両陛下の三重・和歌山方面ご巡幸（岐阜立ち寄り含む）で鳥羽〜多気・奈良〜亀山を後補機（本務機はC57 139）として推進運転した実績を持つ。日章旗用のポールがあって旗は掲げられていないが、この機が後補機のためであろう。
◎亀山駅　昭和34年4月18日　撮影：日比野利朗

召列車

亀山駅を出発するC57 56（本務機）＋御料車2号編成供奉車460形が半逆光の春の日差しを浴びて。
◎亀山駅　昭和34年4月18日　撮影：日比野利朗

関西本線を行くC57 79（後補機）＋御料車2号編成＋C57 56（本務機）お召列車が奈良に向けて亀山駅を出発するところ。皇太子殿下御夫妻伊勢神宮・橿原神宮ご参拝に伴うお召列車。春の日差しを浴びて輝きを増す2号編成。その前後には磨かれた機関車が穏やかな煙を上げてゆっくりと伊勢を後にし、亀山峠を越えて斑鳩を目指す後姿が美しい。周りには見送りの人が見当たらないが、国鉄職員が立ち入れる場所か、駅から少し離れた場所からのものだろうか。◎亀山駅　昭和34年4月18日　撮影：日比野利朗

関西本線亀山付近を行く

関西本線キハ55＋キハ51＋キロハ18＋キハ51＋キハ55準急と菜の花。先頭のキハ55はバス窓、DT22を履く昭和32(1957)年末から登場したキハ55 16～46の3次車。名古屋～湊町(現・JR難波)を関西本線経由で結ぶ準急列車は、昭和33年11月に「かすが」と命名された。
◎亀山付近　昭和33年4月
撮影：日比野利朗

名古屋を目指すD51＋旧型ダブル・ルーフのオハ31ほかと菜の花畑を進む。◎亀山付近　昭和33年4月　撮影：日比野利朗

関西本線の蒸気機関車と気動車

C50は鉄道省で昭和4 (1929) 年～昭和8年に154機が製造された2-C-0の軸配置を持つ旅客用のテンダー式蒸気機関車である。亀山を出て加太峠を目前に行くC50＋客車列車。桜は見頃を迎え、背景にはなだらかな鈴鹿の山並みが見える。
◎亀山～関　昭和32年4月　撮影：日比野

菜の花を横目にC55＋荷物客車がのんびりと行く。◎蟹江付近　昭和33年4月　撮影：日比野利朗

関～加太付近を行くキハ55準急車窓から。準急日光色の軽快な車体カラーが緑深い風景に映える。先頭車は前半部が2等、後半部が3等客室とした合造車キロハ25で、3等部分がバス窓の昭和33（1958）年製キロハ25 1～5。乗車している車両は一段上昇窓となった昭和33年製からのキハ55 101以降であることがわかる。◎関～加太　昭和34年5月　撮影：日比野利朗

樽見線のキハ07

キハ07 200番代+キハ07 200番代が冬枯れの美濃を行く。側引戸の1カ所がなぜか少しだけ開いたまま走っている。キハ07形は戦前生まれで鉄道省時代に製造した最大両数の気動車キハ42000形で、前頭部が半円状の流線型スタイルが最大の特徴。ガソリン機関搭載の62両が昭和10 (1935) 年〜昭和12年に、ディーゼル機関試作車が昭和12年に2両製造された。戦時下となってディーゼル機関の開発は中断。戦後になって開発が再開され、ガソリン機関GMH-17後継のディーゼル機関DMH-17が制式化され昭和26年に完成。この新型機関に換装する改造が国鉄各工場で行われ、キハ42500形（二代目）に改称された。新たにDMH-17を搭載して20両が追加製造された。形式はキハ42500形であるが、車番は42600〜42619となった。車体スタイルは戦前生まれの流線型であるが、車体はリベットなしの全溶接構造で前照灯は車体埋め込み式となり、スマートになったことで識別できる。昭和32年4月の気動車の称号改正でキハ07形に改称。戦前製は0番代、戦後製は100番代に区分された。昭和35〜38年に戦後製100番代から15両が変速器を機械式から液体式のTC-2に交換されて総括制御が可能になり、200番代に改番された。写真の2連は運転士1人で総括制御運転を行うキハ07 200番代である。
◎東大垣〜横屋　昭和39年1月5日　撮影：日比野利朗

北陸本線のキハ82とED70

キハ82 37は36号とともにキハ82では一番早く昭和36（1961）年7月20日に帝国車輌で落成。向日町運転区に配置。同区は昭和36年10月のダイヤ改正を前に9月10日に発足したばかりで、初のディーゼル車キハ82系は6両×13本＝78両が配置された。その他、尾久客車区に34両、函館機関区に15両の合計127両が配置された。昭和35年12月の初のディーゼル特急「はつかり」キハ80系に続く第二弾の先頭車キハ82は、途中で分割併合を行うため非貫通・ボンネット型から貫通式となったことが大きな違いである。◎米原　昭和36年　撮影：日比野利朗

北陸本線を試運転中のキハ82 37他。昭和35（1960）年12月に国鉄初のディーゼル特急「はつかり」で登場したキハ80系は運転開始直後から故障が続出し、報道で「はつかりガッカリ事故ばっかり」と揶揄されるほどの社会問題に発展。その後落ち着いたが、昭和36年10月のダイヤ改正では全国各地でディーゼル特急が運転されることになり、2次車としてキハ82系127両投入。初期故障トラブルを事前に解消するために各地で試運転を兼ねた慣らし運転が入念に行われた。
貫通型となったキハ82は切れ長のライト・ケースに収まった前照灯・尾灯がオデコ上部に、1枚物の曲面ガラスを使用した前面窓はHゴムを使わず、銀色の細い窓枠が全体を引き締める。側面から腰に回った赤いヒゲ、貫通扉には愛称マークの表示窓が配置され、精悍さと美しさを兼ね備えた表情。ただし、愛称名がまだ入っていない。キハ82系「白鳥」は、大阪〜青森間を結び、直江津駅で上野〜大阪の「白鳥」と併結して運行するという多層建て特急列車を実現させた。
◎米原　昭和36年8月　撮影：日比野利朗

キハ82系の2等車（現・普通車）室内で座席は回転式の2人用背刷り固定式。窓のカーテンは151系の横引き式ではなく、巻き上げ式でややグレードを下げた事務的な造り。座席の背にはまだ白いクロスが掛けられていない営業前のもの。
◎米原　昭和36年　撮影：日比野利朗

ED70は昭和32（1957）年10月1日の北陸本線田村〜敦賀電化に合わせて製造された日本初の交流電気機関車。当時、仙山線で行われていた交流電化の試験を受けてED45整流器式交流電気機関車をベースに開発。当時製造されていたディーゼル機関車DF50をベースに車体は前面貫通型。イグナイトロン水銀整流器を搭載。交流電化の延伸で田村〜糸魚川で活躍したがEF81の大量投入により昭和50年までに廃車となった。◎木之本　昭和32年10月　撮影：日比野利朗

大阪地区のモハ80系

東海道本線大阪〜東淀川の新淀川を渡るクハ86 300番代他準急「比叡」。昭和32（1957）
年10月ダイヤ改正から落成したばかりのモハ80系300番代を投入。東京〜大阪間で走り
始めた。1年後の昭和33年10月1日のダイヤ改正では、新性能電車モハ91系（後の153系）
に置き換えられ、モハ80系の準急「比叡」は僅か1年余りの活躍であった。
◎大阪〜東淀川　昭和33年5月25日　撮影：野口昭雄

モハ80系は昭和25（1950）年に東海道本線に登場した日本初の長距離用電車で、車体塗色がそれまでのぶどう色一色から緑色と橙色の鮮やかなカラーで現れ、「湘南電車」と呼ばれた。大阪地区では湘南色ではなく、昭和9年の電化時に競合する私鉄に対抗するために急行塗装として全体がマルーン（ぶどう色3号）、窓周りクリーム色3号の「関西急電色」が採用され、モハ52が登場した。戦時中に急行運転が一時休止となり、戦後の昭和24年4月に急行運転は復活した。しかし、戦前運転されていたモハ43は横須賀線に転出し、残っていたモハ52では続々と新型車を投入する私鉄に太刀打ちできないため、モハ80系で復活させることになり、昭和25年製の2次車から「関西急電色」が投入された。東京や他の地域では見られないカラーであった。先頭のクハ86は前面窓がHゴム支持となってTR48台車を履く昭和27年製のクハ86061～066の1両で065か'066である。前面の羽根をかたどった大きなヘッド・マークは昭和27年頃から取り付けられている。
◎大阪駅　昭和30年2月5日　撮影：野口昭雄

交通科学館と大阪環状線

C53は鉄道省がアメリカから輸入した8200形（後のC52形）を参考に、国産化した3シリンダー型のテンダー式蒸気機関車で、2-C-1（パシフィック型）の軸配置を持つ。昭和3（1928）～昭和4年に川崎車輌、汽車製造会社で97機が製造された。客車が木造から鋼製車体へと移行し、大型化と重量が増大するに従い、従来のC51の出力不足が問題となってきた。しかし、当時のわが国の鉄道技術では2シリンダー機関車でのC51を上回る性能の向上が困難と判断され、3シリンダー蒸気機関車を開発することになった。車体左右の2つのシリンダーに加えて、車体中央の中心線上に3番目のシリンダーが配置されている。しかし、3シリンダーは機構が複雑で工作や保守に高い技術力が求められ、C53のみで後継車は現れなかった。

C53 45は昭和36年に東海道本線での復活試運転後引退し、昭和37年1月に開設された大阪環状線弁天島駅隣接の交通科学館（後の交通科学博物館）に保存展示直後で、「はと」のマークが付いた往時の晴れ姿。昭和3年汽車製造大阪工場製。大阪局配置となり、姫路、宮原、梅小路を経て昭和25年に廃車となったが解体からは免れて昭和32年に鷹取工場に移送して保管。昭和36年に同工場で自走可能に向けて復元工事を施行して、同年9月に鷹取工場～宮原～大阪の公開試運転を行った。その後陸送されて交通科学館に展示された。昭和47年に梅小路蒸気機関車館開業に合わせて移送して保存展示された。平成28年4月の京都鉄道博物館開業にあたり、同館扇形庫にて唯一のC53として公開展示されている。◎交通科学館　昭和37年5月　撮影：日比野利朗

大阪環状線クモハ100-96ほかの西九条経由桜島行き。大阪地区では昭和35（1960）年10月から城東線に101系を投入。東京より新性能化の遅れた大阪鉄道管理局では101系投入を待ちきれず、昭和34年から72系ほかの旧性能国電のぶどう色（ぶどう色2号）をオレンジ・バーミリオン（朱色1号）に塗り替えを始めてしまう。クモハ100-96は昭和36年7月20日日本車輌製で、森ノ宮電車区に配置された。
◎大阪駅　昭和36年　撮影：日比野利朗

151系特急「こだま」「富士」

昭和33(1958)年11月1日に走り始めた国鉄初の電車特急「こだま」は、東京〜大阪間を6時間50分で結んだ。東京〜関西の日帰り出張を可能にし、座席がすぐに売り切れるほどの人気となった。多客時には予備車をやり繰りして2両を増結することもあったが焼け石に水であった。昭和35年6月の「つばめ」「はと」電車化に必要な車両の中から設計のまとめやすい車種3形式の一部を早期に完成させて昭和34年の年末年始に間に合わせるため、同年12月13日から8両→12両編成に増車された。

昭和34年6月の電車称号規定改正によりモハ20系は151系に改称。改称後初の新形式として2等電動車モロ151-モロ150ユニットと3等付随車サハ150×2両の中間車を組み込んだ。写真はその直後の姿で、同年7月31日に最高速度試験で163km/hの最高記録を達成したチャンピオン・マークの付いたクハ151-4であることがわかる。同車は新造後初の重要部検査を受けた直後と思われ、台車や床下機器が登場当初のライト・グレー(灰色1号)から、早くも黒色に塗りつぶされている。

151系は編成ごとに車両メーカー3社が製造し、車番の1・2は川崎車輌、3・4は近畿車輌、5・6は汽車会社製である。編成番号はビジネス特急のBを頭に付けて、田町電車区の現場では、川車は「B1編成」「B2編成」というように呼ばれた。中間車増結も編成ごとに同じ3社が製造した。この関係が崩れるのは昭和35年のクロ151登場に伴い、下り向きのクハ-モハ-モハシ-サロの偶数車B2・B4・B6編成が東京向きに方向転換してからのことである。国鉄が電車特急を始めて僅か1年余りで2等車(現在のグリーン車)にモータを搭載したモロ151-モロ150を急き投入した背景には、カルダン駆動の新性能電車による長距離列車が高速かつ快適な乗り心地を提供できることに国鉄が深い自信を示したことがうかがえる。そしてそれは東海道新幹線に近づく大きな一歩でもあった。◎向日町付近　昭和34年12月28日　撮影：野口昭雄

特急大増発の昭和36 (1961) 年10月1日ダイヤ改正から電車化された山陽本線
須磨～塩屋を行くクロ151他上り特急「富士」。下り方からクロ151-モロ151-モ
ロ150-サロ150-サロ151…と大阪方に1等車が5両並ぶ豪華編成は151系最
盛期の姿であったが、昭和36年10月のダイヤ改正で東京～大阪間の特急は4往
復から8往復に倍増。12両編成からサロ150の1両を減じて11両編成になった。
昭和35年6月1日の特急「つばめ」「はと」電車化で登場したクロ151は、客車時
代の1等展望車マイテに代わる1等制御車で、乗務員室直後に4人用区分室、後
位側に14人用の開放室が設けられ、「パーラー・カー」と呼ばれた。
区分室はリクライニング可能な2人掛けソファ、開放室にはリクライニングと回
転が可能な1人掛け座席を配し、床は全て絨毯敷きである。側面は四隅の丸みの
大きな1m×2m、厚さ8mmの大型複層ガラスが目を引く。パーラー・カーのク
ロ151は下りの場合は先頭車になるので、常に最後尾であった機関車牽引客車時
代のマイテの優雅な雰囲気とは異なり、時折鳴らされる警笛がやや気忙しく感じ
られたことであろう。◎須磨付近　昭和37年1月28日　撮影：野口昭雄

吹田機関区・北陸本線

関西地区最大の吹田機関区の転車台に載るD52ほか、周りに佇む蒸気機関車たち。昭和31（1956）年10月、東海道本線全電化を直前にして蒸気機関車の基地として吹田第一機関区に改称。電機機関車の基地として吹田第二機関区が発足した。
◎吹田機関区　昭和30年2月26日　撮影：野口昭雄

小浜線・北陸本線直通の準急「わかさ」のキハ20形×2連をしんがりに、循環準急「こがね」のキハ52、キハ55準急日光色、登場間もない
急行用キハ58系を混結した8連。敦賀～金沢間は小浜線西舞鶴からの準急「わかさ」2連を併結していた。
◎杉津駅もしくは新保駅　昭和37年3月4日　撮影：野口昭雄

キハ55急行みやぎの色＋キハ20一般型気動車色＋キハ55準急日光色＋キハ10系準急日光色が混結された循環準急「しろがね」4連。大
地が雪を溶かし、春の兆しが見える北陸路を行く。山中信号場は北陸本線の北陸トンネル開通前の旧線ルートの北陸本線杉津～大桐間にあっ
た信号場。昭和37年6月10日北陸トンネル開通に伴う新線への切り替えにより廃止となった。
◎山中信号所　昭和37年3月4日　撮影：野口昭雄

東海道本線と北陸本線

稲ボッチが点在する冬枯れの関ケ原を行くEH10＋貨物上りリレ。後ろに伊吹山を望む。
◎米原〜醒ケ井　昭和33年2月20日　撮影：野口昭雄

DF50 2+D51+D51+貨物列車が雪の降りしきる北陸本線・山中峠に挑む。◎昭和33年1月31日　撮影：野口昭雄

車掌車ヨ5001をしんがりにしたコンテナ貨物列車「たから」を最後尾から。「たからコンテナ特急」の丸いテール・サインが見える。昭和34（1959）年11月5日から東京の汐留〜大阪の梅田間を走り始めた。EH10牽引で、チキ5500形24両＋車掌車ヨ5000形1両の25両編成で、当時、吹田操車場〜梅田間は非電化のためこの区間のみD52牽引であった。車掌車と積載コンテナは淡緑3号と呼ばれるうすい緑色に、貨車の台枠はコンテナ貨車と同じ赤2号で統一され、その後、コンテナの塗色変更に合わせて黄緑3号になった。昭和36年10月1日ダイヤ改正時から1往復→2往復に増えた。◎上吹田　昭和37年1月　撮影：野口昭雄

EF70 8＋EF70試運転レが新線切り替えを目前に開通したばかりの北陸トンネルに入るところ。昭和37年6月10日から北陸トンネル開通による新線への切替と同時にダイヤ改正が行われる。EF70は北陸トンネルと敦賀〜福井交流電化完成に際して大出力の交流電気機関車として誕生。当時日本最長であった北陸トンネルは、大部分が11.5‰の連続勾配で湿度が高く、1100tの貨物列車を牽引できる粘着性能をクリアするために交流電気機関車としては初の6動軸・EF級とした。外観はEF61直流電気機関車を基本にしたスタイルで、前面は非貫通型。EF30に次いでシリコン整流器を搭載した間接式である。モータは新設計の425kwのMT52を6台装荷し、駆動装置は狭軌では問題の多かったクイル式をやめ、吊り掛け式に戻った。電気暖房装置（EG）を持つEF61と同等の客貨物両用機である。昭和36〜37年にかけて18機が日立製作所・三菱重工で製造された。◎北陸トンネル　昭和37年5月30日　撮影：野口昭雄

予讃本線高松駅

キハ181系は昭和43（1968）年10月のダイヤ改正で中央西線の特急「しなの」用として登場。昭和47年まで製造された。特急「しおかぜ」は昭和47年3月の山陽新幹線開業時に四国地区初の特急列車として高松〜宇和島間で運行開始。特急「しおかぜ」は昭和39年10月の東海道新幹線開業時に新大阪〜広島で運行開始されたものの、昭和43年10月に廃止されていた。
停車中のキハ181-3は、昭和43年7月31日新潟鉄工所で完成。名古屋運転所に配属。昭和49年に四国に渡り、高松運転所に移動。平成5年3月に廃車となった。◎高松駅　昭和49年　撮影：日比野利朗

予讃線DF50 8＋旧型客車。昭和28（1953）年に国鉄初の電気式ディーゼル機関車DD50の出力不足から重連での使用を余儀なくされた問題を克服し、高出力に改良した新三菱重工製ズルファー・エンジンを搭載。1機で使用できる電気式ディーゼル機関車として昭和31年にDF50が登場。性能は、低速域ではD51、高速域ではC57と同等とし、軸重を14t以下に抑えたB-B-B軸配置として亜幹線以下の入線を可能とした。ズルファー・エンジンを搭載した0番代1〜65と、西ドイツのマン社との技術提携により川崎車輌・日立製作所で製造されたマン・エンジン搭載の500番代501〜573がある。

車体は前面に貫通扉を持つ箱型であるが、丸みが大きく埋め込み式前照灯がスマートなスタイル。DF50 1〜7は試作機で、8号機以降の量産機に比べて車体の丸みが大きいのが特徴。登場当初はぶどう色に白帯であったが、後にオレンジ色、灰色、白帯を締めた明るい塗色に変更された。DF50 8は量産初号機で昭和32年10月22日新三菱重工製。米子機関区に配置された。最終配置は高松で、写真は晩年の四国時代の姿である。◎高松駅　昭和49年　撮影：日比野利朗

昭和36年7月の東海道本線時刻表

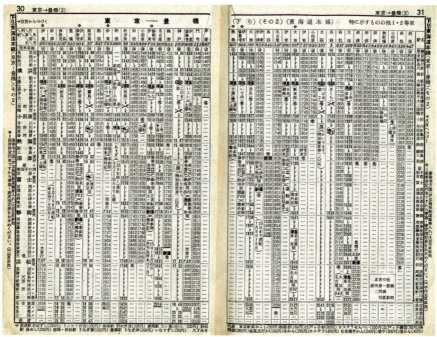

東京～豊橋間の正午から18時頃の時刻表である。特急は「こだま」「つばめ」「さくら」、急行は「桜島」「伊豆」「霧島」「西海」、準急は「おくいず」「はつしま」「あまぎ」「たちばな」「東海」「いこい」「十国」「いでゆ」「長良」「湘南日光」「新東海」で、準急が花盛り。欄外の駅弁も見逃せない。

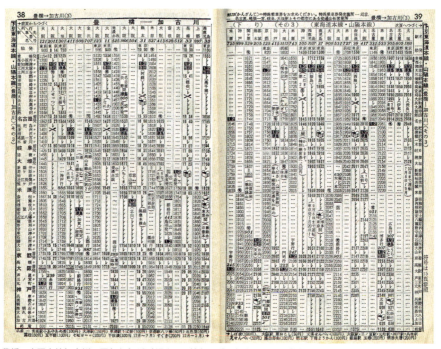

豊橋～山陽本線加古川の正午から19時過ぎで、特急は「こだま」のみ。急行は「せっつ」「なにわ」「立山」「阿蘇」「雲仙」「高千穂」「天草・日向」「桜島」「霧島」「西海」、準急は「東海」「比叡」「加賀」「ひだ」「臨時鷲羽」「ちくま」「伊吹」「伊那」「長良」がある。欄外の名産も楽しい。

Chapter 2

私鉄、路面電車の記録

電車が主力の私鉄では国鉄より動力近代化が早く、防振台車・騒音振動の少ないカルダン駆動・多段式制御・電磁直通ブレーキ等々、米国の地下鉄や路面電車の新技術を基に国産化した新型車両が昭和28年頃から出始め、昭和30年代は音のしないカルダン駆動車の本格的な導入期であった。意欲的な新型車が競うように現れ、空気バネ台車や軽量全金属車体から無塗装のアルミやステンレス製も試作された。路面電車では新技術搭載の「PCCカー」等、カルダン駆動のスマートな車が大都市で見られた。真っ赤な丸ノ内線、パノラマカーが高加減速で走る一方で、明治・大正からの木造車体の車もまだ現役で、スマートな車体に載せ替えて生まれ変わりながら、旧来の吊り掛け駆動の音を響かせて仲良く活躍する姿もあった。

江ノ島鎌倉観光電鉄106江ノ島行き。昭和4 (1929) 年に雨宮製作所で製造された101 ～ 104に続き、昭和6年に増備された105 ～ 110の1両。106 ～ 110は106形として同年新潟鉄工で製造された。◎藤沢駅　昭和32年3月12日　撮影：野口昭雄

西武鉄道池袋線

モハ325はモハ311形で戦災に遭った17m車の元国電モハ50を譲り受け、自社西武所沢工場で叩き直して整備した戦災復旧車。モハ311形は戦災復旧国電と国鉄木造車の台枠流用の車体新造車の2種類があり、合計57両が製造された。出自の違いから木製屋根、鋼板製屋根、鋼板張り上げ屋根のスタイルがあった。

クハ1426はクハ1411形で、20m車の戦災復旧叩き直し国電と、昭和29（1954）年より国鉄木造車の台枠を流用して車体を自社西武所沢工場で新造したものがあり、クハ1426は後者に当たる。クハ1411形は昭和34年までに39両が製造された。◎池袋付近　昭和31年3月13日　撮影：野口昭雄

都営トロリーバスと営団地下鉄

渋谷駅行きNo.219トロリーバス。法規上は「無軌条電車」と呼ばれ、直流600Vで走る。昭和27（1952）年5月に今井橋〜上野公園を開業。昭和30年6月池袋駅〜千駄ヶ谷四丁目、同年12月千駄ヶ谷四丁目〜渋谷駅、昭和31年9月渋谷駅〜品川駅、昭和32年1月池袋駅前〜亀戸四丁目、昭和33年8月池袋駅前〜浅草橋駅前と計画路線を全通させた。200形は、昭和27年の50形、昭和28年の100形に続く形式で、昭和29〜32年に201〜239が製造された。写真の219は昭和29年製で、前面窓が車体から一段凹んで上方が後ろに傾斜した2枚窓。EH10形電気機関車によく似ている。ポール2本で集電。トロリーバスは既存の鉄道との平面交差で架線を交差させる問題（直流600V-1500V）があり、300形、350形では補助エンジンが搭載された。
しかし、監督官庁である運輸省自動車局からエンジンを搭載すれば「路線バス」免許が必要という横ヤリが入った。監督官庁と各社の協議の結果、バスの免許は不要だが踏切交差区間では補助エンジンのみで走行であっても架線を張るということになった。しかし、戦後の厳しい石油情勢は統制下における全面輸入から自由化され、大型バスが続々と登場し、重量が大きく機動性に乏しいトロリーバスは時代から急速に取り残されてしまい、昭和42〜43年にかけて全線廃止となった。◎池袋駅東口　昭和31年3月13日　撮影：野口昭雄

銀座線1252ほか3連の浅草行き。東京地下鉄道1200形として昭和8（1933）〜昭和9年に1231〜1254の24両が汽車製造東京支店、川崎車輌兵庫工場で製造された。1252は川崎車輌製。主要機器は従来のジェネラル・エレクトリック社の米国製から国産の三菱電機製となった。昭和59〜61年に廃車となった。
◎渋谷車庫　昭和31年3月13日　撮影：野口昭雄

開業間もない丸ノ内線306＋300形御茶ノ水行き。真っ赤な車体に腰に白い帯とステンレス製の細いサイン・カーブ状の飾り帯が斬新なカラーリング。昭和29（1954）年1月23日に池袋〜御茶ノ水の第一期区間開業用として誕生した営団地下鉄丸ノ内線300形は、301〜330が汽車会社、日本車輌、川崎車輌、近畿車輌で製造された。単位スイッチ式の多段制御器、SMEE電磁直通ブレーキ、WN式の平行カルダン駆動を採用。ニューヨーク地下鉄車両の基幹技術であるアメリカのウェスティング・ハウス社と提携関係のある三菱電機で国産化して導入した画期的な車両である。1300mm幅両開き扉を本格的に採用し、派手な車体カラーと共に新性能の先駆けとなった車。東京中心部とはいえ、周辺には高層の建物がまだ何もない。
◎後楽園駅　昭和31年3月13日　撮影：野口昭雄

東急玉川線と都電

東急玉川線に昭和30（1955）年に東急車輌で製造されたデハ200形は張核構造の卵型断面の軽量車体、低床の2車体連接式、カルダン駆動、連接部台車は1軸という画期的な電車。昭和29年の東急デハ5000形とともに個性的な外観は世の注目を集めた。台車は内側に台枠があり、外側に出た車輪がよく見えるのがユニーク。昭和44年に玉川線は廃止となり、昭和52年に地下化された新玉川線（現・田園都市線）渋谷～二子玉川園が開業。大橋車庫は現在の池尻大橋駅近くで、首都高速の大橋ジャンクションに変わっている。
◎大橋車庫　昭和31年3月13日　撮影：野口昭雄

米国「Electric Railway Presidents' Conference Committee（電気鉄道社長会議委員会）」が1930年代に開発した自動車対抗できる流線型車体とスムーズな走りの「PCCカー」路面電車の特許を購入。ナニワ工機で5501製造に手間取り、手持ちの試作車用国産電機品使用の5502が昭和28（1953）年11月に5501より先に完成。翌年5月完成の5501は足踏み式コントローラーが乗務員に不評。特許を使わず運転機器が従来タイプの5502仕様の5503～5507が昭和30年11月・12月に登場した。◎京橋　昭和31年3月14日　撮影：野口昭雄

都電の最新鋭8082が走る17系統、数寄屋橋行き。7000形に比べ、車体軽量化を図った。昭和31（1956）年～昭和33年に131両が製造された。都電の廃止が既に想定され、耐用年数10年程度を前提に軽量・安価・簡易な工作方法を考慮した設計。前面は両脇の角を落とした角型スタイルに窓の大きな車体が特徴。台車は内側台車枠の簡易な構造としたD21台車を履き、車輪が外側からよく見える。車体が軽いので走りは軽快だったが、乗り心地は騒音とビビリ振動が激しく、評判は今一つであった。昭和40年代の路線廃止の進捗に合わせ、昭和44～47年に全車が廃車となった。◎東京駅八重洲口　昭和33年3月12日　撮影：野口昭雄

名古屋鉄道の特急

濃尾平野を切り裂くようにやってくる7000系パノラマカー。昭和36（1961）年6月1日にデビューした同車は運転台を2階に上げて最前列を客席にした構造、全車冷暖房完備で複層ガラスを使用した連続式固定窓の流麗なスタイルを持つ特急料金不要の名鉄7000系は「スカーレット」と呼ばれる赤一色の車体カラーで世の中をあっと言わせた。その後の乗り物絵本の表紙にもたびたび登場し、パノラマカーと言えば名鉄、名鉄と言えばパノラマカーという決定的なイメージづくりに貢献。写真は初期の姿で、「PHENIX」と刻印されたエンブレムが光る。豊橋-新岐阜専用であった頃である。昭和38年登場の7500系で前面に逆さ富士形の行先表示が付けられ、1、2次車も後に改造された。好評を博し、仲間を増やして各線区に進出。9次にわたり昭和50年までに116両が製造された。増結用7700系24両、低重心・回生ブレーキ付の改良型7500系72両を合わせ、名鉄特急電車のイメージ・リーダーとなった。

その後、後継に特急の座を譲った後は普通列車でも幅広く使われ、料金不要の最前列席は名鉄ならではの魅力の一つであった。スタイルと絶大な魅力は衰えることなく、惜しまれながら平成20年11月にモ7001に登場当初の「PHENIX」マークを取り付けてさよなら運転を実施後引退。舞木検査場にはモ7001＋モ7002が静態保存されている。真っ赤な特急電車は今見ても色褪せない。行先表示のないスッキリした登場当初の姿が美しい。

◎黒田～木曽川堤　昭和36年頃　撮影：日比野利朗

名鉄名古屋を出て豊橋を目指す名古屋鉄道5000系6連特急豊橋行き。昭和30（1955）年12月デビューの名鉄初のカルダン駆動車で、「張核構造」と呼ばれる卵形の全金属製軽量車体構造を採用。非貫通2枚窓の前面はライバル国鉄東海道本線クハ86を意識したスタイルであるが、曲面ガラスと中央の細い柱、車体裾にまで回り込む丸みが如何にも軽く、速く走りそうなイメージ。全車軸に75kwの小型モータを装荷した全電動車方式のカルダン駆動と発電制動併用電磁直通空気ブレーキは、走行性能と乗り心地で80系吊り掛け駆動車に圧倒的な差をつけた。

名鉄ではSR車（スーパー・ロマンス・カー）と呼ばれ、昭和32年には前面貫通式、側面を一段下降窓にした5200系、昭和34年には冷房装置を搭載し、一般車としては日本初の特別料金不要の冷房車5500系が登場。7000系へと発展してゆく。◎名古屋付近　昭和32年10月　撮影：日比野利朗

名古屋鉄道瀬戸線、福井鉄道

ク2233＋モの急行尾張瀬戸行き。前面の丸みが大きく、深緑色の木造車体二重屋根が重厚な外観。クは旧名古屋電気鉄道デボ650形で、大正15（1926）〜昭和2年に名古屋電車製作所で651〜665の15両を製造。木造二重屋根車体の電動車。名古屋鉄道時代になって651〜657は名鉄モ650形となったが、658〜665は昭和17年10月に電装解除され、制御車ク2230形2231〜2238に改造された。側出入口開口部上部と側引戸の窓上部がアーチ状になって緩やかなカーブを描いている。隣のモはシングル・ルーフで側出入口周りは通常の直線形状。シングル・ルーフ車は火災や事故の復旧による車体新造車である。写真のク2233は2231、2232とともに車体外側に鉄板を張る補強工事を行いながら瀬戸線で活躍し、昭和41年2月〜3月に廃車となった。◎大津町駅　昭和34年3月25日　撮影：野口昭雄

200形急行福井駅前行き。モハ200形は昭和35（1960）・昭和37年に日本車輌で製造された同社初のカルダン駆動車。2車体連接式。車体は丸みの大きい張り上げ屋根を持つ2扉のクロス・シート車で前面は非貫通の湘南型であるが、中央の柱が細く1枚窓に見えるデザインが特徴。上半クリーム色と下半部濃緑色の窓下に白い帯は重厚なイメージ。◎市役所前停留場　昭和36年12月10日　撮影：野口昭雄

名古屋鉄道鏡島線、岐阜市内

岐阜市内の千手堂交差点を行く名古屋鉄道鏡島線モ7西鏡島方面行き。同交差点で岐阜市内線と鏡島線が分岐していて、画面の左側に曲がると岐阜市内線忠節方面で、直進すると鏡島線に入り、交差点を渡ったところで千手堂駅があった。封切されたばかりの映画の看板が西日に輝く。鏡島線は昭和39（1964）年10月に廃止され、平成17年3月には岐阜市内線を含む名鉄600V区間路線は全廃となった。
◎岐阜市内　昭和30年10月　撮影：日比野利朗

の国鉄バス

岐阜市内を行く国鉄バス。前面窓上の庇がこ
の時代のバスの特徴だろうか。
◎昭和32年10月　撮影：日比野利朗

近畿日本鉄道名古屋線の特急

黄色い花が咲くのどかな伊勢の春の近鉄中川駅に進入する名古屋線6421系特急電車。大阪線2250系と同じく昭和28(1953)年に登場した軽量・張核構造を採り入れた車体で張り上げ屋根。6421系は2250系に比べて車体長さが約1メートル短い他はほぼ同じであった。

当時の近鉄名古屋線は軌間1067mmで大阪線1435mmと異なるため相互直通運転が出来ず、名阪特急利用の際は、両線が交わる伊勢中川駅で特急電車を乗り継ぐ必要があった。先頭は前面窓がHゴム支持になった2次車ク6574または3次車ク6575で、屋根上にクーラー・キセが見えるので昭和32年6月の冷房サービス開始に合わせて冷房改造された姿と思われる。また、写真ではわかりにくいが、軌道は狭軌のように見え、昭和34年11月標準軌へ改軌の前と思われる。2250・6421系は昭和34年新ビスタ・カー10100系の登場によりその座を譲り、格下げ改造されてしまったため、特急車両としての活躍は僅かな期間であった。 ◎伊勢中川 昭和33年頃 撮影：日比野利朗

近畿日本鉄道の新ビスタカー

河内国分駅を過ぎて連接台車のジョイント通過音を軽く響かせながら生駒山地を行く10100系新ビスタカーB編成他3+3連特急名古屋方面行き。近鉄10100系はカルダン駆動新性能特急車として昭和33（1958）年7月の10000系ビスタカーに続く第二弾で、長年の懸案であった名古屋線の改軌完成による名阪直通特急用として昭和34年に登場。3両固定編成で中間1両を2階建て構造とした3車体連接構造を持つ。

前頭部は流線型の非貫通タイプと貫通型があり、3両を1単位として、3両単位で自在に増解結を行えるようにした。中間の2階建車をTとした3車体4台車のM-T-M編成で、全軸に125KWモータを装荷した。M1車は主制御器、主抵抗器、遮断機、パンタグラフ（2基）が、M2車には空気圧縮機、電動発電機等の補機を搭載している。車体塗色は10000系以来のオレンジと紺色であるが、塗り分けはオレンジを全体に窓周りと裾が紺色になり、その後の近鉄特急の標準カラーとなった。前頭部が流線型非貫通、貫通型ともに2基のパンタグラフの有無の違いがあり、非貫通型前頭部の編成はもう一方の運転台は貫通形とした。流線型非貫通車がパンタ付M1車としたものをA編成、貫通型がパンタ付M1車としたものがB編成。編成両端を貫通型としたものがC編成と呼ばれた。

昭和34年9月に完成したが、折しも9月26日に三重・愛知県に襲来した超大型の伊勢湾台風により名古屋線は未曽有の被害を受け、昭和35年早期に予定されていた名古屋線の狭軌から標準軌への改軌工事を災害復旧と同時に行うことを決定。同年12月12日から伊勢中川〜名古屋間改軌完成と同時に10100系新ビスタカーは名古屋〜上本町間直通の「名阪特急」としてデビューした。従来、伊勢中川駅で行っていた大阪線から名古屋線への乗り換えが解消され、同駅でスイッチ・バックを行う名古屋〜上本町2時間の運転時間を実現した。

◎国分付近　昭和35年1月4日　撮影：野口昭雄

東海・関西の路面電車

豊橋鉄道市内線モハ202は、昭和24（1949）年に旭川市街軌道から購入した4輪単車24・27・12・13で、24・27は昭和5年汽車会社製、12・13は昭和4年川崎車輌製である。24→201・27→202・12→203・13→204に改番された。車体は半鋼製の低床構造である。当初はスカイブルーの1色であったが、後に黄色と緑色の2色の塗り分けになった。昭和38年に名古屋市電からのボギー車が大量に投入され、1965年に廃車となった。◎豊橋駅前　昭和34年7月5日　撮影：野口昭雄

名古屋市電811名港行き。811は800形801〜812として製造されたうちの1両。昭和31（1956）年に路面電車の近代化をめざして日本車輌がNippon sharyo・Simple・Light weightの頭文字をとったNSL-1形として試作車を1両製造。同年中に802の後、昭和32〜昭和33年に803〜812が増備された。車体は張核構造を採り入れた超軽量設計で補強のリブが見える側面の外板と天地の大きな二段窓が特徴である。走り装置はトロリーバス用100kwモータを車体中央の床下に吊り下げて両軸のユニバーリルジョイントによる駆動軸を介して第一・第四軸のウォームギアを駆動させるという乗越カルダン駆動装置が採用された。台車は弾性車輪を履く意欲的な設計で、昭和33年に国鉄大井工場で開催された「第1回アジア鉄道首脳者懇談会」で展示されたのがこの811である。しかし軽量車体と新機構による不具合の多さが災いし、昭和44年に全車が廃車となった。◎名古屋駅前　昭和34年3月25日　撮影：野口昭雄

京都N電№5北野行き。後ろに老舗旅館が見える。日本最初の電車として京都電気鉄道が明治28年に営業を始めた創業期の4輪単車。古都、京都の街並みを走る姿は昭和36（1961）年まで見られた。◎京都駅前　昭和30年11月26日　撮影：野口昭雄

大阪市電1095上本町六丁目行き。1095は1001形に続いて製造された1081形で1922～1924年に1081～1250の170両が梅鉢鉄工所、楠木製作所、加藤車輌、日本車輌製造、藤永田造船所、田中車輌で製造された。車体は1001形から続く鉄骨木造であるが台枠にトラスロッドが付き、車体が強化された。窓・扉配置は中央に両開きとした3扉で一段下降窓。屋根は二重屋根のように見えるがシングル・ルーフとなり、屋根が深くなったのが特徴である。◎大阪港　昭和30年2月2日　撮影：野口昭雄

京阪神急行神戸線1010形と

三宮駅

神戸線1034他特急梅田行き。表示には「大阪　神戸」とある。1010形は昭和29 (1954) 年の1000形カルダン駆動試作車に続き昭和31年〜昭和36年に製造された。当初は2扉車であったが、昭和34年製1030以降で3扉車となり、その後全車に統一改造された。車体外板が一段出っ張った窓周りと丸みを付けた車体の裾、屋根肩部に連続して開口した通風器が特徴である。一段下降窓の窓枠をアルミサッシの地肌ではなく、車体と同系色にしているところが昭和30年代の重厚な阪急電車らしい。
◎三宮　昭和35年5月　撮影：野口昭雄

る阪急電車

国鉄三ノ宮駅の高架ホーム脇を走る電車は京阪神急行（現・阪急電鉄）1010形の特急梅田行き。1010形は昭和29（1954）年の1000形カルダン駆動試作車に続き昭和31〜36年に製造。
昭和11年完成の神戸阪急ビルは写真の右方向となる。ビルの中から阪急電車が出てくる眺めは平成7（1995）年1月17日の阪神・淡路大震災で大きく被災。駅は再建されたが、ビルは取り壊されて現存しない。◎国鉄三ノ宮駅　昭和40年9月19日　撮影：日比野利朗

阪神電気鉄道、神戸電気鉄道、

試運転中の5202-5201＋2連。阪神電鉄初のステンレス車体である。阪神におけるカルダン駆動導入は昭和29（1954）年の3011形特急電車で、昭和33年に高加減速の通勤型として5001形5001-5002を試作。急行電車の間を縫って高加速・高減速で走れる性能を有することから「ジェット・カー」と呼ばれた。昭和34年に量産車として両運転台車5101形と片運転台車5201形が造られた。5201-5202の2両は車体をステンレス製の無塗装とした試作車で、「ジェット・シルバー」と呼ばれた。結局、ステンレス車体はこの2両のみに終わり、普通鋼車体の製造が続くことになった。◎西宮　昭和34年11月10日　撮影：野口昭雄

デ302-デ301準急が六甲山を下りて神戸の街を目指す。デ300形は昭和35（1960）年9月1日に登場した同社初のカルダン駆動車。前頭部は湘南型の2枚窓非貫通型。車体裾に丸みが付いた。車体カラーはそれまでの茶色1色から全体がグレーで窓周りがオレンジの新塗装で現れ、その後の標準色になった。当初は2扉クロス・シートであったが、後にロング・シートとなり、さらに3扉化改造される。2両ユニット、75kwモータ＋WNカルダンの全軸駆動で最急勾配50‰が随所にある山岳路線に挑む。◎電鉄丸山　昭和36年3月　撮影：野口昭雄

近江鉄道、大阪市営地下鉄

クハ1212＋モハ。クハ1212は大正3（1914）年加藤車輌製作所製の木造客車フホハ26に昭和31（1956）年に運転台を付けて制御客車に改造。隣の木造車体のデハ二1形（もしくはデハ二3か4）に比べて車体が長く、屋根は低く窓高さも異なり、異彩を放つ外観。クハの外側に板バネが見える路面電車のような台車が特徴的。隣のモハは住友のイコライザー台車を履く。車体塗色は赤味の強いマルーンと窓周りクリーム色。東海道本線全線電化後でも沿線の私鉄では木造車体の車が見られた。近江鉄道では昭和36年以降、自社工場で木造車体の鋼体化改造が始められた。デハ二の腰板に貼られた白いものは広告で、「多賀大社」の右側には、撮影時期から考えて「御田植祭」と書かれているようである。◎米原　昭和34年6月28日

5501-5001は大阪市営地下鉄初のカルダン駆動車。5000形（M1車）と5500形（M2車）が2両ユニットを組む。昭和35（1960）年7月の御堂筋線西田辺～我孫子間開通に際し5501-5001 ～ 5527-5027の54両が製造された。5501の台車は住友FS332で、弓型側梁の上に枕バネのコイル・バネが3本並ぶのが特徴的で、他には見られないタイプ。軸箱周りにバネらしきものが見当たらず、硬いコンクリート道床の多い地下鉄では乗り心地がどうだったのか気になる構造である。◎長居検車区　昭和35年9月4日　撮影：野口昭雄

加悦鉄道、下津井電鉄

下津井電鉄は茶屋町〜下津井で明治43（1910）年に開業。昭和47（1972）年に茶屋町〜児島は廃止となった。下津井電鉄クハ24とモハ1001「赤いクレパス号」並び。クハ24＋モハ103として昭和36年ナニワ工機製。同社初の全金属車体の2両固定。前面オデコに前照灯があり、その顔付きから「こおろぎ電車」とも呼ばれる。昭和59年にクリーム色に窓下に赤い帯の塗り分けに変更。
モハ1001は昭和29年帝国車輌製のクハ23を昭和47年に手持ちの電装品を利用して自社工場でモハ1001に改造。両運転台付。昭和59年9月から「赤いクレパス号」という落書き電車となる。同電鉄は昭和63年の本州〜四国間に架けられた瀬戸大橋開通時に新車2000系を投入したが、平成2年12月31日をもって全線営業を終了し、廃線となってしまった。
◎下津井駅　昭和60年頃　撮影：日比野利朗

加悦鉄道は国鉄宮津線丹後山田（現・タンゴ鉄道野田川）〜加悦を結ぶローカル私鉄。明治・大正・昭和の古典蒸気と小さな木造客車が走っていた。沿線に鉱山があり、大江山鉱山でニッケルを採掘し、日本海に面した岩滝町の精錬所を結ぶ貨物鉄道があったが、1945（昭和20）年に閉山。閉山後も貨物輸送は残されていたが1985（昭和60）年5月に営業終了し、廃線となった。加悦鉄道1261号Cタンク単機回送中。1261は1923年日本車輌名古屋工場製。蹴上鉄道（現・JR西日本木次線）により発注されたCタンク蒸気機関車。1934（昭和9）年に鉄道省に買収され同型車1260とともに1261に改番。大江山ニッケルを経て加悦鉄道1261となり1967（昭和42）年まで活躍。写真はその末期の頃と思われる。その後、鉄道公園として「加悦SL広場」を開設。加悦駅の木造駅舎、1261を含む蒸気機関車、客車、気動車とともに現在も保存されている。
◎丹後山田　昭和40年頃　撮影：日比野利朗

【著者（写真解説）】

稲葉 克彦（いなば かつひこ）

昭和36（1961）年千葉県生まれ。流通・印刷会社勤務を経て鉄道ライター。幼少より飛行機・鉄道に興味を持ち、昭和49年から地元の鉄道を中心に写真を撮り始める。昭和53年から鉄道雑誌に投稿を始め、数多くの記事を掲載。旧型国電・私鉄電車・ローカル私鉄を中心に各地を撮り歩く。鉄道友の会会員。鉄道ファン「新京成モハ100形物語」、鉄道ピクトリアル臨時増刊号「京成車両めぐり」「東武車両めぐり」、著書に『大榮車輌ものがたり』2014〜2015年（ネコ・パブリッシング）。

【写真撮影】

野口昭雄（のぐち あきお）

昭和2（1927）年大阪府生まれ。昭和57（1982）年まで日本国有鉄道吹田工場に勤務。鉄道友の会阪神支部長を歴任。鉄道誌等に寄稿多数。

日比野利朗（ひびの としろう）

昭和2（1927）年愛知県生まれ。昭和58（1983）年まで日本国有鉄道稲沢第一機関区に勤務。平成26（2014）年逝去。

国鉄マンが撮った
昭和30年代の国鉄・私鉄
カラー鉄道風景

2017年12月1日　第1刷発行

著　者……………………稲葉克彦
発行人……………………高山和彦
発行所……………………株式会社フォト・パブリッシング
　　　　　　　　　　　　〒161-0032　東京都新宿区中落合2-12-26
　　　　　　　　　　　　TEL.03-5988-8951　FAX.03-5988-8958
発売元……………………株式会社メディアパル
　　　　　　　　　　　　〒162-0813　東京都新宿区東五軒町6-21（トーハン別館3階）
　　　　　　　　　　　　TEL.03-5261-1171　FAX.03-3235-4645
校正………………………高木信子
デザイン・DTP ………柏倉栄治（装丁・本文とも）
印刷所……………………株式会社シナノパブリッシングプレス

ISBN978-4-8021-3079-0 C0026

本書の内容についてのお問い合わせは、上記の発行元（フォト・パブリッシング）編集部宛てのEメール（henshuubu@photo-pub.co.jp）または郵送・ファックスによる書面にてお願いいたします。